JÜRGEN HESSE
HANS CHRISTIAN SCHRADER

Hesse/Schrader-Training
Initiativbewerbung

AUFFALLEN – ÜBERZEUGEN – GEWINNEN

eichborn
berufsstrategie

Liebe Leserin, lieber Leser,

mit diesem Buch erhalten Sie auch eine
CD-ROM. Um auf die Inhalte zugreifen
zu können, müssen Sie vor dem erstmaligen
Gebrauch folgenden Code eingeben: .

N3949B

Auf der CD-ROM

- Videos mit persönlichen Tipps von
  Hesse/Schrader
- 50 Mustervorlagen für Initiativbewerbungen
- Übungen zur Vorbereitung der optimalen
  Selbstpräsentation
- Tests zum Ermitteln der eigenen Stärken

Die Autoren

Jürgen Hesse, Jahrgang 1951, Diplompsychologe
im Büro für Berufsstrategie, Berlin.
Hans Christian Schrader, Jahrgang 1952, Diplompsychologe
in Baden-Württemberg.

Anschrift der Autoren

Hesse/Schrader
Büro für Berufsstrategie
Oranienburger Straße 4–5
10178 Berlin
Tel. 030 288857-0
Fax 030 288857-36
www.berufsstrategie.de

1. Auflage, Oktober 2010

© Eichborn AG, Frankfurt am Main, Oktober 2010
Umschlaggestaltung: Christina Hucke
Layout und Satz: Oliver Schmitt, Mainz
Illustrationen: Stefan Kugel, Frankfurt
Druck und Bindung: Fuldaer Verlagsanstalt, Fulda
ISBN 978-3-8218- 5719-0

© Mix
Produktgruppe aus vorbildlich bewirtschafteten
Wäldern, kontrollierten Herkünften und
Recyclingholz oder -fasern
www.fsc.org Zert.-Nr. SCS-COC-001554
© 1996 Forest Stewardship Council

Eichborn Verlag, Kaiserstraße 66, 60329 Frankfurt am Main
Mehr Informationen zu Büchern und Hörbüchern aus dem Eichborn Verlag
finden Sie unter www.eichborn.de

Inhalt

MERKBLÖCKE	29, 37, 41, 73, 81, 86
FALLEN, IRRTÜMER, VERSÄUMNISSE	6, 23, 30, 72, 74, 114
PRAXISBEISPIELE	19, 39, 49, 69, 115
LERNTESTS	24, 34, 53, 60, 66, 71, 85, 87

Auf ein Wort

Sie haben sich entschlossen, aktiv zu werden. Eine gute Entscheidung! Dass die aktive Suche nach einem neuen Job, der genau zu Ihnen passt, kein Kinderspiel ist, wissen Sie selbst. Wir werden Sie dabei unterstützen und möchten Ihnen helfen, damit Sie erfolgreich sind.

- Wir informieren Sie über effektive Methoden der Recherche und Kontaktaufnahme.
- Wir zeigen Ihnen, wie eine überzeugende Bewerbungsmappe aussehen kann.
- Wir unterstützen Sie dabei, Ihre ganz persönlichen Stärken zu ermitteln.
- Wir zeigen Ihnen, wie Sie Ihre Fähigkeiten optimal präsentieren.

Und natürlich lernen Sie anhand von zahlreichen Beispielen die gängigsten Formen der Initiativbewerbung kennen wie

- die klassischen schriftlichen Bewerbungsunterlagen,
- die telefonische Bewerbung,
- die E-Mail-Bewerbung und
- die Kontaktaufnahme durch den Einsatz von Flyer oder Profilcard.

Auf der beigefügten CD-ROM finden Sie auch noch weiterführende Informationen zum Thema Bewerbung.

Ergreifen Sie die Initiative!

Sicherlich wäre es auch Ihnen lieber, wenn Sie sich nicht aktiv auf den Arbeitsmarkt begeben müssten, wenn Sie so ganz nebenbei von einem passenden Arbeitsplatz hören würden, der zu besetzen ist. Oder wenn man Sie direkt ansprechen würde, ob Sie nicht Lust hätten, einen Job zu übernehmen, der genau auf Sie zugeschnitten scheint. Doch bisher ist das nicht passiert, und durch Abwarten wird Ihre Situation nicht besser.

Nun wollen Sie die Dinge selbst in die Hand nehmen und sich aktiv bewerben – und das ist auch gut so! Wenn Sie selbst eine Bewerbungsinitiative starten, bedeutet das: Sie sind eine aktive, agile, flexible Bewerberin oder ein aktiver, agiler, flexibler Bewerber – und allein das spricht schon für Sie!

Gut formuliert und ansprechend präsentiert, haben Initiativbewerbungen durchaus eine Chance. Bis zu 40 Prozent aller Bewerber ergattern auf diesem Weg einen Job.

Der große Vorteil: Sie sind nicht einer von vielen Bewerbern – die Konkurrenz ist geringer.

Ein weiterer Nutzen, den Sie nicht unterschätzen sollten: Sie sind aktiv und bestimmen die Dinge selbst. Sie setzen eigene Ideen in die Tat um, die über das bloße Reagieren (z. B. auf Anzeigen) hinausgehen. Das stärkt Ihr Selbstbewusstsein. Zudem sind innere Zufriedenheit und Selbstvertrauen wesentliche Faktoren, um gesund zu bleiben und sich wohlzufühlen, und sie verbessern dadurch auch Ihre Chancen auf dem Arbeitsmarkt sehr.

Kurz und präzise

Eine Initiativbewerbung ist eine Herausforderung: Sie sollten eindeutig und auf einen Blick zeigen können, was Sie Außergewöhnliches zu bieten haben und warum Sie gerade in diesem Unternehmen, in dieser Position arbeiten wollen.

Bei der Erstellung einer Initiativbewerbung müssen Sie den Nutzen, den Gewinn für den Arbeitgeber ganz besonders gut herausstellen – darin unterscheidet sie sich von der »klassischen« Bewerbung. Im besten Fall sollte schon in der Überschrift oder dem ersten Absatz erkennbar sein, in welchem Arbeitsfeld Sie dem Unternehmen wirklichen Nutzen und Gewinn bringen können.

DARAUF KOMMT ES AN

Den idealen Job zu finden und zu erobern – das ist kein leichtes Vorhaben. Sie werden drei Dinge dafür brauchen: Mut, Engagement und auch das berühmte Quäntchen Glück. Zum persönlichen Erfolg gehören aber auch die Weichensteller, die wichtigsten Faktoren bei jeder Bewerbung:

- **Kompetenz** (berufliche und persönliche, Sie wissen, worauf es ankommt)
- **Leistungsmotivation** (Fleiß, Durchhaltevermögen, Zielstrebigkeit)
- **Persönlichkeit** (Charakterstärke, Mut und Aufgeschlossenheit)

Damit Sie diese Essentials richtig einsetzen können, sollten Sie sich gründlich vorbereiten.

Zunächst einmal ist das Bewusstsein, dass Sie sich vorbereiten sollten, von entscheidender Bedeutung. Sie begeben sich auf einen steinigen Weg, dazu brauchen Sie das nötige Rüstzeug – und Sie müssen trainiert sein.

Unsere Erfahrungen haben uns ganz klar gezeigt: Die meisten Bewerber sind schlecht vorbereitet und erreichen deshalb nicht oder nur mit großer Mühe und eingeschränkt ihr Ziel.

Mit einer sorgfältigen und planvollen Vorarbeit können Sie Ihrer persönlichen und beruflichen Entwicklung den entscheidenden Kick versetzen.

Wir werden Ihnen zeigen, wie Sie die schriftliche Darstellung Ihrer Fähigkeiten und Ihrer Persönlichkeit elegant und überzeugend ins rechte Licht rücken.

BEISPIELE: DAS KÖNNTE IHRE INITIATIVBEWERBUNG SEIN!

Sehen Sie sich die nachfolgenden Beispiele an. So oder ähnlich könnte Ihre Initiativbewerbung aussehen.

Frau Reggiano lebt in Albstadt, muss aber jeden Tag nach Stuttgart zur Arbeit fahren. Darunter leidet ihr Privatleben. Schon lange sucht sie nach einer Arbeitsstelle in ihrer Nähe. Nun hat sie sich entschlossen, nicht länger nur den Stellenmarkt der regionalen Zeitungen zu durchforsten. Sie ergreift die Initiative.

Wir zeigen Ihnen sechs unterschiedliche Formen einer schriftlichen Initiativbewerbung:

- Version 1: eine Kurzbewerbung
- Version 2: eine klassische Bewerbung
- Version 3: ein Anschreiben per E-Mail (ansonsten wie Version 2: klassische Bewerbung)
- Version 4: einen Bewerbungsflyer
- Version 5: ein Stellengesuch
- Version 6: eine Visitenkarte – oder auch: Profilcard

Wir haben Ihnen hier die wichtigsten sechs Möglichkeiten der schriftlichen Erstkontaktaufnahme aufbereitet, die Wege per Telefon und Networking zeigen wir Ihnen später auf.

Kommentare und weiterführende Informationen zu den verschiedenen Bewerbungsmöglichkeiten und -beispielen finden Sie ab Seite 53.

FEHLER

Die 7 häufigsten Fehler

- mangelndes Bewusstsein, worauf es bei einer Initiativbewerbung wirklich ankommt
- gravierende Versäumnisse bei der gezielten Vorbereitung auf die besondere Ausgangssituation
- die eigenen Potenziale weder wirklich zu kennen noch zu vermitteln
- keine persönliche Botschaft für den Empfänger durchdacht und aufbereitet zu haben
- keine oder mangelhafte Vorbereitung im Sinne einer gezielten Recherche (wo wird was gebraucht?)
- den eigenen Marktwert (Stichwort: Gehalt) nicht richtig zu kennen
- sich gar nicht erst zu trauen, sich initiativ zu bewerben, sei es aus Unkenntnis, Unsicherheit oder Bequemlichkeit

Ines Reggiano
Sonnenstraße 73
72458 Albstadt
Tel.: 07431 43616
E-Mail: i.reggiano@aol.com

Schwäbische Textil AG
Herrn Anton Schmelzer
Wilhelmstraße 16
72336 Balingen

Albstadt, 23. Oktober 2010

Initiativbewerbung als Vertriebsassistentin
Unser Telefonat vom 22. Oktober

Sehr geehrter Herr Schmelzer,

vielen Dank für das ausführliche Telefongespräch. Ich freue mich, dass Sie gute Chancen für eine Einstellung in Ihrem Unternehmen sehen. Hier die wichtigsten Stichworte zu meiner Person:

Fortbildung	zur Marketing-/Vertriebsassistentin
seit 1998	Sachbearbeiterin für verschiedene Unternehmen
	(Klima-König, Stuttgart; Hausverwaltung Schäuble; Brauns-Druck GmbH)
1995–1998	Ausbildung zur Industriekauffrau
1995	Realschulabschluss

Arbeitsschwerpunkte
Büroorganisation
Organisation und Management von Projekten

Sprachen: Englisch (sehr gut), Italienisch (sehr gut)

Durch meine beruflichen Aktivitäten in unterschiedlichen Bereichen bin ich kommunikations-stark, verantwortungsbewusst und habe große Freude an selbstständiger Arbeit.

Gerne schicke ich Ihnen meine kompletten Bewerbungsunterlagen und stehe Ihnen für ein persönliches Gespräch – vorab auch telefonisch – zur Verfügung.

Mit freundlichen Grüßen

Ines Reggiano

Ines Reggiano / Kurzbewerbung (Kommentar auf Seite 18)

Ines Reggiano

Sonnenstraße 73
72458 Albstadt
Tel.: 07431 43616
E-Mail: i.reggiano@aol.com

Schwäbische Textil AG
Herrn Anton Schmelzer
Wilhelmstraße 16
72336 Balingen

Albstadt, 23. Oktober 2010

Initiativbewerbung als Vertriebsassistentin
Unser Telefonat vom 22. Oktober

Sehr geehrter Herr Schmelzer,

vielen Dank für das ausführliche Telefongespräch. Ich freue mich, dass Sie gute Chancen für eine Einstellung in Ihrem Unternehmen sehen.

Zu meiner Person:
- gelernte Industriekauffrau, 32 Jahre,
  routiniert in allen Büroarbeiten
- Vertriebsassistentin, erfahren in Organisation
  und Management von Projekten
- sehr gute Kenntnisse in Business-Englisch
  und Italienisch
- stresserprobt und flexibel

Durch meine beruflichen Aktivitäten in unterschiedlichen Bereichen bin ich kommunikationsstark, verantwortungsbewusst und habe große Freude an selbstständiger Arbeit.

In der Anlage finden Sie meinen Lebenslauf; falls Sie weitere Unterlagen wünschen, schicke ich Ihnen diese umgehend zu. Für ein persönliches Gespräch – vorab auch gerne telefonisch – stehe ich Ihnen zur Verfügung.

Mit freundlichen Grüßen

Ines Reggiano

Ines Reggiano / Anschreiben (Kommentar auf Seite 18)

Ines Reggiano

Sonnenstraße 73
72458 Albstadt
Tel.: 07431 43616
E-Mail: i.reggiano@aol.com

Zur Person:
Geboren am 12.5.1978 in Tübingen
deutsche Staatsbürgerin
verheiratet, ein Kind

Qualifikation:
Industriekauffrau

Angestrebte Tätigkeit:
Assistentin im Projektmanagement

Unterlagen für Herrn Schmelzer, Schwäbische Textil AG

Ines Reggiano / Deckblatt (Kommentar auf Seite 18)

Sonnenstraße 73, 72458 Albstadt, Tel.: 07431 43616, E-Mail: i.reggiano@aol.com

Berufspraxis

seit August 2006	Klima-König, Stuttgart Sachbearbeiterin im Bereich Vertrieb, Projektorganisation, Erstellen von Präsentationen
Juli 2003–Juli 2006	Familienphase
Aug. 2001–Juni 2003	Hausverwaltung Schäuble, Albstadt Büroorganisation, Betriebskostenabrechnung, Führung der Personalakten, Buchhaltung
Aug. 1998–Juli 2001	Brauns-Druck GmbH, Tübingen Mitarbeit in der Verkaufsabteilung, Auftragsabwicklung, selbstständige Bearbeitung der englischen und deutschen Korrespondenz

Berufliche Weiterbildung

seit Juni 2009	Fortbildung zur Marketing-/Vertriebsassistentin, Albstadt
Jan. 2007–Sept. 2008	Schwäbische Wirtschaftsakademie „Projektmanagement"
Sept. 2005–Jan. 2006	Sprachakademie Stuttgart „Italienisch für Geschäftsleute"
Jan. 2005	IHK Schwäbische Alb „Tabellenkalkulation mit Excel"
Jan. 1996–Juni 1997	Sprachakademie Big Ben, Tübingen „Business-Englisch in Wort und Schrift"

Schul- und Berufsausbildung

Sept. 1995–Juli 1998	Brauns-Druck GmbH, Tübingen Ausbildung zur Industriekauffrau
1985–1995	Grund- und Realschule in Tübingen

Ines Reggiano / Lebenslauf (Kommentar auf Seite 18)

Sonnenstraße 73, 72458 Albstadt, Tel.: 07431 43616, E-Mail: i.reggiano@aol.com

Kenntnisse und Fähigkeiten

Sehr gute Sprachkenntnisse in Englisch und Italienisch

PC-Kenntnisse: MS-Office-Programme, Tabellenkalkulation mit Excel, PowerPoint

Interessen, Engagements

Schatzmeisterin im Schwimmverein „Wasserfreunde"

Organisatorische Betreuung des privaten Kindergartens „Mafalda"

Albstadt, 23. Oktober 2010

Ines Reggiano

Zu meiner Person

Zu meinen besonderen Eigenschaften gehört die Fähigkeit, Schwachstellen in der Organisation und der Kommunikation schnell zu erkennen und Lösungen zu entwickeln. Ich bin gewohnt, in Gesamtzusammenhängen zu denken und mit Weitblick zu planen.

Weitere Kennzeichen meiner Persönlichkeit sind, dass ich offen auf Menschen zugehe und gerne Neues lerne.

Ines Reggiano / Dritte Seite (Kommentar auf Seite 18)

Verzeichnis der Anlagen

Zeugnisse und Abschlüsse

Klima-König (Zwischenzeugnis)
Hausverwaltung Schäuble
Brauns-Druck GmbH
Abschluss als Industriekauffrau
Zeugnis Mittlere Reife

Seminare und Lehrgänge

Schwäbische Wirtschaftsakademie
Sprachakademie Stuttgart
IHK Schwäbische Alb
Sprachakademie Big Ben

Ines Reggiano / Anlagenverzeichnis (Kommentar auf Seite 18)

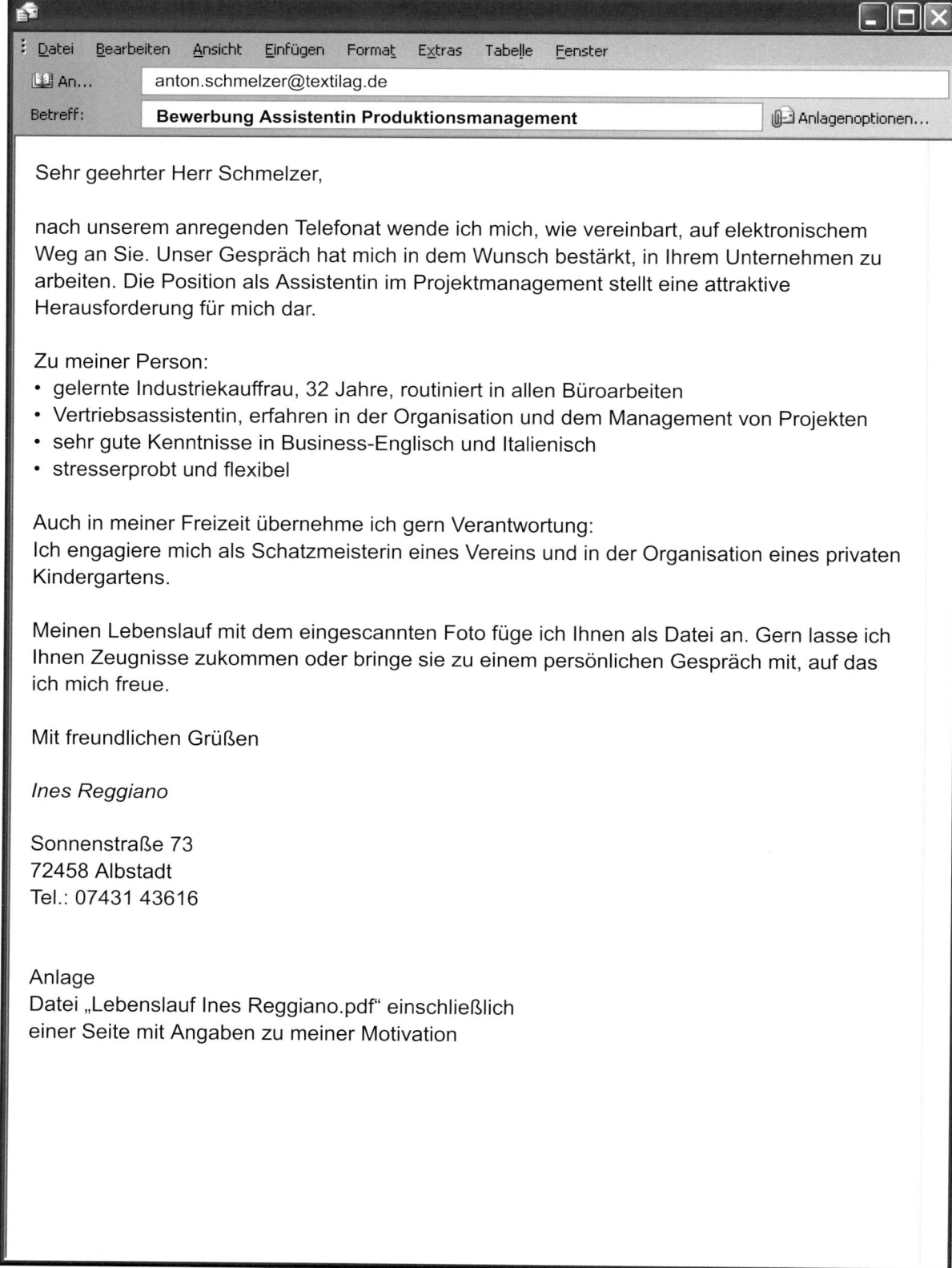

An... anton.schmelzer@textilag.de

Betreff: **Bewerbung Assistentin Produktionsmanagement**

Sehr geehrter Herr Schmelzer,

nach unserem anregenden Telefonat wende ich mich, wie vereinbart, auf elektronischem Weg an Sie. Unser Gespräch hat mich in dem Wunsch bestärkt, in Ihrem Unternehmen zu arbeiten. Die Position als Assistentin im Projektmanagement stellt eine attraktive Herausforderung für mich dar.

Zu meiner Person:
- gelernte Industriekauffrau, 32 Jahre, routiniert in allen Büroarbeiten
- Vertriebsassistentin, erfahren in der Organisation und dem Management von Projekten
- sehr gute Kenntnisse in Business-Englisch und Italienisch
- stresserprobt und flexibel

Auch in meiner Freizeit übernehme ich gern Verantwortung:
Ich engagiere mich als Schatzmeisterin eines Vereins und in der Organisation eines privaten Kindergartens.

Meinen Lebenslauf mit dem eingescannten Foto füge ich Ihnen als Datei an. Gern lasse ich Ihnen Zeugnisse zukommen oder bringe sie zu einem persönlichen Gespräch mit, auf das ich mich freue.

Mit freundlichen Grüßen

Ines Reggiano

Sonnenstraße 73
72458 Albstadt
Tel.: 07431 43616

Anlage
Datei „Lebenslauf Ines Reggiano.pdf" einschließlich
einer Seite mit Angaben zu meiner Motivation

Ines Reggiano / E-Mail-Anschreiben (Kommentar auf Seite 18)

... und deshalb bewerbe ich mich heute bei Ihnen.

Ines Reggiano
Industriekauffrau und Vertriebsassistentin

Sonnenstraße 73
72458 Albstadt
Tel.: 07431 43616
E-Mail: i.reggiano@aol.com

Möchten Sie mehr über mich wissen?
Dann blättern Sie doch einfach um ...

Mein Ziel ...

... ist es, bei Ihnen als Vertriebsassistentin zu arbeiten. Mein Wissen, Engagement und meine Erfahrungen möchte ich sehr gern in den Dienst der Schwäbischen Textil AG stellen ...

Albstadt, 23. Oktober 2010

Ines Reggiano

Sehr geehrter Herr Schmelzer,

hätten Sie ein paar Minuten Zeit für mich? Ich möchte mich Ihnen gerne vorstellen.

Blättern Sie doch einfach mal um ...

Ines Reggiano / Bewerbungsflyer (Kommentar auf Seite 18)

Meine Pluspunkte ...

+ kommunikationsstark

+ selbstkritisch

+ verantwortungsbewusst

+ selbstständiges Denken und Handeln

+ stresserprobt und flexibel

+ fundierte fachliche Ausbildung

+ starke Lernbereitschaft

und nicht zu vergessen:

+ großer Spaß an der Arbeit!

Meine wichtigsten Daten ...

geboren am 12.05.1979
in Tübingen
verheiratet, ein Kind

Ausbildung:
Industriekauffrau

Weiterbildung:
• Marketing-/Vertriebsassistentin
• Projektmanagement
• Italienisch für Geschäftsleute
• Business-Englisch

Sprachkenntnisse:
Englisch, Italienisch

Mein Ziel ...

... ist es, bei Ihnen als Assistentin im Vertriebsbereich zu arbeiten. Mein Wissen, Engagement und meine Erfahrungen möchte ich sehr gern in den Dienst der Schwäbischen Textil AG stellen ...

Albstadt, 23. Oktober 2010

Ines Reggiano

Ines Reggiano / Bewerbungsflyer (Kommentar auf Seite 18)

Sie brauchen ein Organisationstalent?

Industriekauffrau (Vertriebsassistentin)

32 J., stresserprobt und flexibel, mit langjähriger Erfahrung in Projektorganisation und -management, Englisch und Italienisch sehr gut, perfekte PC-Kenntnisse

Ines Reggiano, Tel.: 07431 43616, i.reggiano@aol.com

Ines Reggiano / Stellengesuch (Kommentar auf Seite 18)

Ines Reggiano
Vertriebsassistentin

– Projektorganisation
– Projektmanagement
– Office-Management

Vorderseite

Sonnenstraße 73
72458 Albstadt
Tel.: 07431 43616
E-Mail: i.reggiano@aol.com

Rückseite

Ines Reggiano / Visitenkarte (Kommentar auf Seite 19)

ZU DEN VERSCHIEDENEN FORMEN DER INITIATIVBEWERBUNG

Version 1: Kurzbewerbung

Entscheidendes Merkmal dieser Bewerbung ist ihre Kürze; der Empfänger wird schnell über den Bewerber informiert und kann spontan entscheiden, ob er nun mehr sehen bzw. lesen möchte. Eine Kurzbewerbung kann unterschiedlich umfangreich sein. Bei einer Seite wird man wohl am häufigsten eine Art Kombination von Anschreiben und den wichtigsten Lebenslaufdaten präsentieren wie hier auf Seite 7 gezeigt. Häufiger werden zwei Seiten verwendet: eine, die das knappe Anschreiben transportiert, und eine zweite, welche die berufliche Entwicklung darstellt. Sehr selten werden dieser Kurzform weitere Anlagen beigelegt.

Besondere Vorteile einer Kurzbewerbung sind die preisgünstige Herstellung und der Versand. Hier braucht es keine aufwendige Bindung, um die Unterlagen zusammenzuhalten, und der Versand ist mit einem üblichen C6-Umschlag portogünstig (55 Cent) durchzuführen. Auch auf den Rückversand durch den Empfänger kann in der Regel verzichtet werden.

Trotzdem sollten Sie in jedem Fall ein Foto von sich beilegen. Ob es ein Originalfoto ist oder eingescannt wurde, spielt dabei eher eine untergeordnete Rolle.

Gerade bei der Kurzbewerbung kommt es auf jedes Detail an, und das Verfassen kurzer, prägnanter Texte braucht oft etwas mehr Zeit. Bereiten Sie sich auf diese Bewerbung genauso gründlich vor wie auf die ausführliche Variante. Mehr dazu finden Sie auf den Seiten 53f.

Version 2: klassische Bewerbung

Hier sehen Sie ein kurzes Anschreiben (auch in diesem Fall ist vorher telefoniert worden!), gefolgt von den typischen Bewerbungsunterlagen: Deckblatt, Berufspraxis (statt Lebenslauf als Überschrift!) mit den Rubriken Weiterbildung, Schul- und Berufsausbildung, Kenntnisse und Fähigkeiten, Interessen und Engagements. Auf der dann folgenden Seite überrascht die Überschrift (Zu meiner Person), und in kurzen Sätzen wirbt die Kandidatin für sich. Ein Verzeichnis der beigefügten Anlagen rundet das Bild ab und ist sehr servicefreundlich. Dass es sich um eine Initiativbewerbung handelt, wird Ihnen als Leser aus dem Anschreibentext klar, insgesamt aber könnte es

sich auch um eine ganz klassische Bewerbung auf eine Anzeige (in der Zeitung oder im Internet) handeln. So oder ähnlich sehen heute gute schriftliche Bewerbungsunterlagen aus. Der große Unterschied zur »normalen« Bewerbung liegt vor allem in der Ergreifung der Initiative, im Telefonieren und damit im Angebot an den potenziellen Arbeitsplatzanbieter. Mehr dazu finden Sie auf den Seiten 69ff.

Version 3: Anschreiben per E-Mail
(ansonsten wie Version 2: klassische Bewerbung)

In diesem Beispiel hat sich Ines Reggiano für das Internet als Übermittlungsinstrument für ihre Bewerbungsunterlagen entschieden. Ein kurzer Mailtext, der interessant genug ist, die angehängte PDF-Datei zu öffnen, jedoch ohne gleich alle Zeugnisse beizufügen. Diese Form der Kontaktaufnahme ist schnell, kostengünstig und nach einem gut vorbereiteten Telefongespräch sehr Erfolg versprechend. Mehr dazu finden Sie auf den Seiten 60f.

Version 4: Bewerbungsflyer

Mit einem Bewerbungsflyer, der die Funktion des Werbens für die Mitarbeit noch deutlicher werden lässt und Sie sicherlich an ähnliche Flyer von neu eröffneten Unternehmen in Ihrer Umgebung erinnert (Pizzeria, Eisdiele, Sportstudio etc.), hat Frau Reggiano ein recht neues und doch sehr preisgünstig herzustellendes Werbeinstrument für sich als zukünftige Mitarbeiterin gewählt. Er lässt sich hervorragend mitnehmen und schnell verteilen, beispielsweise auf Messen. Mehr dazu finden Sie auf den Seiten 53f.

Version 5: Stellengesuch

Das vom Bewerber und Anbieter seiner Dienstleistung aktiv geschaltete Stellengesuch in den Printmedien oder im Internet ist Ihnen sicherlich nicht unbekannt. Die Kosten dafür schwanken zwischen preiswert und zu kostspielig. Ausführliche Informationen zum Stellengesuch finden Sie auf den Seiten 41ff.

Version 6: Visitenkarte – oder auch: Profilcard

Manchmal ist kein Platz vorhanden oder es würde den Rahmen sprengen, umfangreiche Unterlagen zu überreichen. Vielleicht ist Ihre Begegnung mit einem Personalentscheider sogar eher zufällig, und größere Papiermengen wären unangemessen für den Erstkontakt. Für diesen Fall ist neben dem Flyer die Visitenkarte oder, noch moderner, die Profilcard eine gute Variante der Initiativbewerbung. Wie beim Flyer und dem eigenen Stellengesuch liegt hier die Herausforderung in der Gestaltung und Formulierung des Kurztextes. Mehr dazu finden Sie auf den Seiten 58 f.

Fast allen diesen Aktivitäten sind zwei Umstände gemeinsam: die erfolgreiche Nutzung des Telefons und das Bewusstsein für Networking. Auch dazu finden Sie ausführliche Hintergrundinfos auf den Seiten 32 und 48.

PRAXISBEISPIEL

Was fange ich an mit dem Rest meines Arbeitslebens?

Genau zwanzig Berufsjahre liegen hinter mir. Das könnte gut die erste Hälfte gewesen sein. Ich bin jetzt Anfang vierzig. Wie würde es mit mir beruflich weitergehen? Was mache ich zukünftig? Womit will und kann ich meine Brötchen verdienen?
Die Abfindung meines alten Arbeitgebers war relativ großzügig, dafür musste ich mich aber auch bis zur letzten Minute wirklich reinhängen. Nicht geschenkt! Und bis dahin gab es keine Zeit, um irgendwelche Pläne zu schmieden. Vielleicht wollte ich aber auch gar nicht wirklich darüber nachdenken und verdrängte es so gut und lange wie nur irgend möglich. Dann aber war der unausweichliche Moment gekommen. Die Formalien abgehakt, die Zeit vor mir eine Herausforderung. Leere tat sich auf. Was tun, wie und wo? Wie geht man bloß so ein Problem an? Ich studierte den Arbeitsmarkt, merkte aber schnell, wenn ich nicht sicher weiß, was ich will, finde ich die Antwort auch nicht auf der Jobanbieterseite. Also leistete ich mir einen Coach. Er wurde mir durch Freunde von Freunden empfohlen, und unsere wöchentlichen Treffen waren ein kleines Highlight in meinem neuen Leben ohne tägliche Arbeitsverpflichtung. Einem schnellen Start folgte eine doch etwas zähe mittlere Phase – dann aber wusste ich, was ich wollte, und beim Rest, der Erstellung der Unterlagen sowie der Vorbereitung auf das Auswahlverfahren und Vorstellungsgespräch, half mir mein Coach auch noch. Eine gute Investition, ohne die ich sicher nicht innerhalb eines guten halben Jahres eine neue berufliche Position erobert hätte. Wenn ich mir so überlege, was das Schlüsselerlebnis war, dann wohl die große Frage: Was wollen Sie mit dem Rest Ihres Berufslebens anfangen? Ich konnte zunächst nur aufzählen, was alles nicht, aber das war nur der Start.

SIE BRAUCHEN EINEN PLAN

Welche Form der Initiativbewerbungen halten Sie für die beste? Mit welcher wird Frau Reggiano Ihres Erachtens Erfolg haben?

Alle gezeigten Formen der Initiativbewerbung sind gut, der Schlüssel zum Erfolg liegt in der intensiven Vorarbeit und der gezielten Anwendung.

Frau Reggiano hat ihr Vorhaben sorgfältig vorbereitet. Bevor sie ihren Bewerbungsbrief bzw. die E-Mail abgeschickt hat, um sich damit bei einer Firma im nahe gelegenen Balingen zu bewerben, hat sie umfangreiche Vorarbeit geleistet. Sie hat …

- ihr persönliches Profil entwickelt,
- sich über die Firma informiert und
- den richtigen Ansprechpartner herausgefunden.

Initiativbewerbungen schreibt man nicht mal so eben nebenbei. Sie lassen sich nicht einfach aus dem Ärmel schütteln, und mit dem Abschreiben von Musterbewerbungen werden Sie nur in den seltensten Fällen die gewünschte positive Aufmerksamkeit erringen. Patentrezepte gibt es eben nicht!

Die Bewerbungen, die wir Ihnen gezeigt haben, sind das Ergebnis eines längeren Prozesses. Und darum wird es auf den folgenden Seiten gehen.

Der erste wichtige Arbeitsschritt, bevor Sie sich initiativ bewerben: Sie müssen Ihr ganz eigenes Profil entwickeln.

Wie kann das aussehen? Darauf gibt es eine eher lakonische Antwort: Es kommt darauf an …

- auf Ihre Ausgangssituation
- auf den Job, auf den Sie sich bewerben
- auf die Aktivitäten, die dieser Initiativbewerbung vorausgegangen sind
- auf die Firma, bei der Sie sich bewerben.

Der Schlüssel zum Erfolg – die Vorbereitung

Stellen Sie sich vor, Sie wollen in Urlaub fahren. Ganz sicher würden Sie doch einiges investieren, damit aus Ihren Ferien ein echter Traumurlaub wird: Sie planen – Sie bereiten sich vor. Sorgfältig werden Sie überlegen, wohin Ihre Reise gehen soll: ans Meer, in die Berge, ein Radurlaub im Umland oder doch lieber mal etwas Exotisches? Sie werden Reiseführer wälzen, Prospekte von Hotelanlagen vergleichen, die beste Reiseroute auswählen.

Vorbereitung gehört zum Erfolg – ob nun bei einer Urlaubsreise oder bei so etwas Entscheidendem wie Ihrer Karriere. Deshalb: Je gründlicher Sie Ihre Initiativbewerbung planen, desto größer sind Ihre Chancen auf Erfolg.

Bei der Initiativbewerbung kommt es ganz besonders darauf an, in wenigen Augenblicken einen deutlich positiven Eindruck entstehen zu lassen – und zwar so, dass der Wunsch aufkommt, Sie kennenzulernen.

Das sagt sich leicht, aber es bedeutet, dass Sie sich selbst erst einmal intensiv »erforschen« müssen. Beginnen Sie also mit der Vorbereitung, indem Sie sich über sich selbst klar werden. Sie sollten wissen, welches Ihre besonderen Fähigkeiten und Qualifikationen sind, und Sie sollten Ihre Zukunftspläne konkretisieren.

Kurz gesagt – beantworten Sie sich die folgenden Fragen:

1. Was für ein Mensch sind Sie?
2. Was können Sie?
3. Was wollen Sie erreichen?

DIE SELBSTANALYSE

Mit einem deutlichen Bild von sich vor Augen sind Sie viel besser in der Lage, eine überzeugende »Werbebotschaft« in eigener Sache zu formulieren. Je besser Sie sich selbst einschätzen können, umso klarer wird das Bild sein, das Sie Ihrem potenziellen Arbeitgeber von Ihrer Person, Ihren Fähigkeiten sowie Ihren Eigenschaften vermitteln können – das ist ein nicht zu unterschätzender Vorteil, um Ihr Bewerbungsvorhaben zum Erfolg zu führen.

1. Was für ein Mensch sind Sie?

Wie sehen Sie sich eigentlich selbst? Und wie, glauben Sie, sehen andere Menschen Sie? Wenn es darum geht, dass Sie sich selbst und Ihre Fähigkeiten gegenüber zukünftigen Arbeitgebern ins richtige Licht rücken möchten, sind das zwei wichtige Fragen.

Wie sehen Sie sich selbst?

Nennen Sie doch einfach ganz spontan innerhalb einer Minute drei Adjektive, mit denen Sie sich und Ihre Wesensart angemessen beschreiben können.

_____

_____

_____

Es gibt etwa 300 Adjektive, die Personalentscheider für relevant erachten. Ihnen fällt für sich hoffentlich etwas mehr ein als nur fleißig, flexibel und verantwortungsbewusst.

Sind Sie zufrieden mit Ihrer spontanen Auswahl? Können Sie sich damit einer anderen Person gegenüber überzeugend darstellen?

Auf Seite 22 finden Sie eine Liste von etwa 100 Kompetenz- und Persönlichkeitsmerkmalen, die Sie danach beurteilen sollen, wie sie auf Sie persönlich zutreffen. Kreuzen Sie bitte auf der Skala von +3 bis –3 an, wie sehr oder wie wenig Sie sich mit dem entsprechenden Adjektiv identifizieren können.

Denken Sie daran: Bei der Selbstbeurteilung geht es nicht darum, um jeden Preis »gut abzuschneiden«. Sie müssen sich niemandem gegenüber rechtfertigen. Es ist Ihre ganz persönliche Einschätzung zu Ihrer momentanen Situation.

Falls Sie in dieser Liste bestimmte Eigenschaften vermissen, so schreiben Sie diese einfach dazu.

+3 = sehr stark ausgeprägt
+2 = deutlich ausgeprägt
+1 = ausgeprägt
 0 = teils/teils
–1 = wenig ausgeprägt
–2 = schwach ausgeprägt
–3 = sehr schwach ausgeprägt

Wie werden Sie von anderen gesehen?

Mit welchen Adjektiven werden Sie spontan von Ihren Bekannten und Freunden beschrieben? Wie charakterisieren sie Ihre guten und schlechten persönlichen Eigenschaften? Sehen Menschen in Ihrer Umgebung Sie eventuell ganz anders als Sie sich selbst? Finden Sie es heraus.

In einem zweiten Schritt können Sie eine (oder auch mehrere) Person(en) Ihres Vertrauens bitten, eine Einschätzung von Ihnen abzugeben und dazu die Adjektivliste auszufüllen. (Sie finden die Liste auch auf der diesem Buch beiliegenden CD-ROM.)

Vielleicht wirken Sie ja viel zielstrebiger, als Sie sich fühlen. Oder Sie halten sich für wankelmütig, aber Ihre Umgebung nimmt Sie als durchaus ausgeglichen wahr.

Wir haben positive und negative Eigenschaften aufgelistet, natürlich möchte jeder »sympathisch« oder »kompetent« sein, »aggressiv« oder »sarkastisch« sicherlich niemand.

Was sind Ihre ausgeprägten Eigenschaften?

Wenn Sie sich nach einer neuen beruflichen Herausforderung umschauen, sollten Sie genau wissen, was Sie am besten können und in welchem Bereich Sie über das größte Wissen verfügen.

Was sind Ihre Kernkompetenzen?

Worin unterscheiden Sie sich von anderen dadurch, dass Sie etwas besser können und engagierter angehen?

Was können Sie wirklich gut, und was machen Sie auch wirklich gerne?

Stärke oder Schwäche? Auch eine Frage der Sichtweise

Stellen Sie eine Liste mit Ihren Stärken auf – setzen Sie die Schwächen dagegen. Überlegen Sie, ob es sich bei Ihren vermeintlichen Schwächen in Wirklichkeit nicht um übertriebene Stärken handelt. Denken Sie über Ihre Schwächen nach, und wandeln Sie diese nach Möglichkeit in Stärken um.

Schwächen	Stärken
• Ich verlange Perfektion.	• Ich strebe nach guten Leistungen.
• Ich stelle mein Licht unter den Scheffel.	• Ich bin bescheiden.
• Ich kommandiere herum.	• Ich besitze Führungsqualitäten.
• Ich bin impulsiv.	• Ich bin schnell.
• Ich bin ein Spieler.	• Ich gehe Risiken ein.
• Ich bin anmaßend.	• Ich bin beharrlich.
• Ich gehe Kompromisse ein.	• Ich bin gut im Verhandeln.
• Ich bin übergenau.	• Ich achte auf Details.
• _____	• _____
• _____	• _____
• _____	• _____
• _____	• _____

Kompetenz- und Persönlichkeitsmerkmale

	+3	+2	+1	0	−1	−2	−3
lernfähig	+3	+2	+1	0	−1	−2	−3
vertrauensvoll	+3	+2	+1	0	−1	−2	−3
leistungsorientiert	+3	+2	+1	0	−1	−2	−3
sorgfältig	+3	+2	+1	0	−1	−2	−3
aufgeschlossen	+3	+2	+1	0	−1	−2	−3
belastbar	+3	+2	+1	0	−1	−2	−3
ausdauernd	+3	+2	+1	0	−1	−2	−3
zufrieden	+3	+2	+1	0	−1	−2	−3
aggressiv	+3	+2	+1	0	−1	−2	−3
konformistisch	+3	+2	+1	0	−1	−2	−3
sympathisch	+3	+2	+1	0	−1	−2	−3
vertrauenswürdig	+3	+2	+1	0	−1	−2	−3
vorsichtig	+3	+2	+1	0	−1	−2	−3
lernbereit	+3	+2	+1	0	−1	−2	−3
dominant	+3	+2	+1	0	−1	−2	−3
gerecht	+3	+2	+1	0	−1	−2	−3
verlässlich	+3	+2	+1	0	−1	−2	−3
wankelmütig	+3	+2	+1	0	−1	−2	−3
zielstrebig	+3	+2	+1	0	−1	−2	−3
geduldig	+3	+2	+1	0	−1	−2	−3
gehemmt	+3	+2	+1	0	−1	−2	−3
vital	+3	+2	+1	0	−1	−2	−3
zweifelnd	+3	+2	+1	0	−1	−2	−3
kompetent	+3	+2	+1	0	−1	−2	−3
flexibel	+3	+2	+1	0	−1	−2	−3
aktiv	+3	+2	+1	0	−1	−2	−3
wagemutig	+3	+2	+1	0	−1	−2	−3
gefühlsbetont	+3	+2	+1	0	−1	−2	−3
anspruchsvoll	+3	+2	+1	0	−1	−2	−3
passiv	+3	+2	+1	0	−1	−2	−3
liebenswert	+3	+2	+1	0	−1	−2	−3
gefühlsorientiert	+3	+2	+1	0	−1	−2	−3
impulsiv	+3	+2	+1	0	−1	−2	−3
durchsetzungsfähig	+3	+2	+1	0	−1	−2	−3
furchtsam	+3	+2	+1	0	−1	−2	−3
sachorientiert	+3	+2	+1	0	−1	−2	−3
fordernd	+3	+2	+1	0	−1	−2	−3
höflich	+3	+2	+1	0	−1	−2	−3
autoritär	+3	+2	+1	0	−1	−2	−3
pflichtbewusst	+3	+2	+1	0	−1	−2	−3
verantwortungsbewusst	+3	+2	+1	0	−1	−2	−3
zuverlässig	+3	+2	+1	0	−1	−2	−3
freundlich	+3	+2	+1	0	−1	−2	−3
glücklich	+3	+2	+1	0	−1	−2	−3
nervös	+3	+2	+1	0	−1	−2	−3
rechthaberisch	+3	+2	+1	0	−1	−2	−3
ordnungsliebend	+3	+2	+1	0	−1	−2	−3
ehrlich	+3	+2	+1	0	−1	−2	−3
loyal	+3	+2	+1	0	−1	−2	−3
schwermütig	+3	+2	+1	0	−1	−2	−3
begeisterungsfähig	+3	+2	+1	0	−1	−2	−3
offen	+3	+2	+1	0	−1	−2	−3
willensstark	+3	+2	+1	0	−1	−2	−3
zurückgezogen	+3	+2	+1	0	−1	−2	−3
misstrauisch	+3	+2	+1	0	−1	−2	−3
leidenschaftlich	+3	+2	+1	0	−1	−2	−3
unkompliziert	+3	+2	+1	0	−1	−2	−3
fortschrittlich	+3	+2	+1	0	−1	−2	−3
überzeugungsstark	+3	+2	+1	0	−1	−2	−3
zwanghaft	+3	+2	+1	0	−1	−2	−3
verständnisvoll	+3	+2	+1	0	−1	−2	−3
kontaktfähig	+3	+2	+1	0	−1	−2	−3
vorlaut	+3	+2	+1	0	−1	−2	−3
schlagfertig	+3	+2	+1	0	−1	−2	−3
gründlich	+3	+2	+1	0	−1	−2	−3
schüchtern	+3	+2	+1	0	−1	−2	−3
kreativ	+3	+2	+1	0	−1	−2	−3
erfinderisch	+3	+2	+1	0	−1	−2	−3
selbstbewusst	+3	+2	+1	0	−1	−2	−3
introvertiert	+3	+2	+1	0	−1	−2	−3
extrovertiert	+3	+2	+1	0	−1	−2	−3
anpassungsfähig	+3	+2	+1	0	−1	−2	−3
humorvoll	+3	+2	+1	0	−1	−2	−3
konservativ	+3	+2	+1	0	−1	−2	−3
präzise	+3	+2	+1	0	−1	−2	−3
besorgt	+3	+2	+1	0	−1	−2	−3
nachdenklich	+3	+2	+1	0	−1	−2	−3
kooperativ	+3	+2	+1	0	−1	−2	−3
unerschütterlich	+3	+2	+1	0	−1	−2	−3
problembewusst	+3	+2	+1	0	−1	−2	−3
beliebt	+3	+2	+1	0	−1	−2	−3
vernünftig	+3	+2	+1	0	−1	−2	−3
teamfähig	+3	+2	+1	0	−1	−2	−3
ausgeglichen	+3	+2	+1	0	−1	−2	−3
kommunikationsfähig	+3	+2	+1	0	−1	−2	−3
integrationsfähig	+3	+2	+1	0	−1	−2	−3
herzlich	+3	+2	+1	0	−1	−2	−3
ruhig	+3	+2	+1	0	−1	−2	−3
kompromissbereit	+3	+2	+1	0	−1	−2	−3
tolerant	+3	+2	+1	0	−1	−2	−3
zuhörbereit	+3	+2	+1	0	−1	−2	−3
selbstkritisch	+3	+2	+1	0	−1	−2	−3
kränkbar	+3	+2	+1	0	−1	−2	−3
hilfsbereit	+3	+2	+1	0	−1	−2	−3
einfühlsam	+3	+2	+1	0	−1	−2	−3
gelassen	+3	+2	+1	0	−1	−2	−3
unparteiisch	+3	+2	+1	0	−1	−2	−3
gütig	+3	+2	+1	0	−1	−2	−3
selbstironisch	+3	+2	+1	0	−1	−2	−3
unberechenbar	+3	+2	+1	0	−1	−2	−3
sarkastisch	+3	+2	+1	0	−1	−2	−3
	+3	+2	+1	0	−1	−2	−3
	+3	+2	+1	0	−1	−2	−3
	+3	+2	+1	0	−1	−2	−3
	+3	+2	+1	0	−1	−2	−3
	+3	+2	+1	0	−1	−2	−3
	+3	+2	+1	0	−1	−2	−3
	+3	+2	+1	0	−1	−2	−3
	+3	+2	+1	0	−1	−2	−3
	+3	+2	+1	0	−1	−2	−3

2. Was können Sie?

Sie haben vielseitige Begabungen und verfügen über eine Fülle von Qualitäten, die sich auf unzählige Aufgabengebiete anwenden lassen. Und Sie haben im Laufe Ihres Lebens viele Fähigkeiten erworben.

Theoretisch ist Ihnen klar, was Fähigkeiten sind. Jetzt kommt es darauf an, Ihre eigenen Stärken zu entdecken.

Gehören Sie zu den wenigen Glücklichen, die ihre Fähigkeiten in Worte fassen können, dann schreiben Sie sie jetzt einfach auf, und setzen Sie Ihre Lieblingsbeschäftigung ganz oben auf die Liste.

Wenn Sie aber Ihre Begabungen noch nicht kennen, dann können Sie die **Gedächtnis-Netz-Übung** machen. Hier werden Sie sich darüber klar, was Sie an beruflichen Erfahrungen besitzen und in eine neue berufliche Perspektive einbringen können. Wir legen dieser Übung eine Idee von Richard N. Bolles zugrunde.*

Die 4 größten Irrtümer

Anzunehmen, …

- Initiativbewerbungen seien in diesen Zeiten ohne jede Erfolgsaussicht

- der Empfänger Ihrer Unterlagen würde sich (un)gerne damit beschäftigen und diese (un)genau lesen

- wenn man Fragen hätte, dürfte man diese telefonisch nicht vorab stellen

- Sie bekämen eine ehrliche Antwort auf die Frage, warum man Ihnen keine Chance geben will

Zeitraum (jeweils fünf Jahre)	Was habe ich gelernt?	Was habe ich gearbeitet?	Was habe ich bewirkt?	Was habe ich in meiner Freizeit gemacht? (Hobbys)

---

* Richard N. Bolles: *Durchstarten zum Traumjob. Das Workbook. 2002*

Gedächtnis-Netz-Übung

Nehmen Sie hierfür ein Blatt Papier, und unterteilen Sie es in fünf Spalten. In die linke Spalte schreiben Sie Ihre Lebensjahre, aufgeteilt in Perioden von fünf Jahren. In die vier anderen Spalten notieren Sie jeweils, wo Sie zu diesen Zeiten gelebt haben, was Sie gelernt oder gearbeitet haben und welche Hobbys Sie hatten. Überlegen Sie sich zu den einzelnen Einträgen der Rubriken »Lernen«, »Arbeiten«, »Erfolge« und »Freizeit«, was Sie in diesen Bereichen jeweils erreicht haben. Über sieben dieser Erfolge schreiben Sie dann kurze Geschichten.

Achten Sie darauf, dass diese Geschichten Aufgaben, Werkzeuge und – besonders wichtig – Ergebnisse enthalten. Gehen Sie Schritt für Schritt vor. Am besten, Sie stellen sich vor, die Geschichten einem kleinen Kind zu erzählen, das immer wieder fragt: »Und dann, was hast du dann gemacht?«

Unterstreichen Sie schließlich die benutzten Verben und ordnen Sie diese den Gruppen »Menschen«, »Ideen und Konzepte«, »Zahlen und Daten« oder »Handwerk, Maschinen und Technik« zu. Schauen Sie sich am Schluss an, welche Gruppe die meisten Einträge enthält. – Zur Auswertung kommen wir später.

Die vier wichtigsten Bereiche

Etwas vereinfacht gesagt: Berufliche Tätigkeiten lassen sich in vier Hauptgruppen aufgliedern:

- **Menschen:** helfen, Anweisungen entgegennehmen, dienen, sprechen, Hinweise geben, unterhalten, überzeugen, beaufsichtigen, unterrichten, verhandeln, trainieren ...

- **Ideen:** ausdenken, erfinden, entwickeln, planen, Konzepte erstellen, kreativ sein, künstlerisch tätig sein (z. B. musizieren, schauspielern, malen, tanzen) ...

- **Daten (Zahlen):** vergleichen, kopieren, errechnen, zusammenstellen, analysieren, koordinieren, Neuerungen einführen, Verbindungen herstellen ...

- **Maschinen (Materialien):** Material zuführen/wegtragen, bedienen, einstellen, in Betrieb setzen, Feineinstellungen vornehmen, handwerken, aufstellen, bearbeiten ...

Innerhalb dieser vier Hauptgruppen (oder großen Tätigkeitsbereiche) gibt es einfache und komplexere Fähigkeiten und Fertigkeiten, über die man verfügen kann. Diese können im handwerklich-praktischen Bereich liegen (wie z. B. einfachste Wartungsarbeiten durchführen, reparieren oder, was schon bedeutend anspruchsvoller wäre, konstruieren) oder als soziale Kompetenz auftreten (wie z. B. bedienen, koordinieren oder organisieren). Da in der Regel höhere Fähigkeiten voraussetzen, dass man über einfachere verfügt, können Sie es sich sparen, auf die einfachen gesondert hinzuweisen.

Je höher Ihre Fähigkeiten einzustufen sind, desto mehr Freiheiten werden Sie in Ihrem Beruf haben. Wenn Sie nur einfache Fertigkeiten für sich beanspruchen, wird Ihr Arbeitgeber Ihnen ständig Vorschriften machen. Mit einem höheren Grad an Geschicklichkeit haben Sie mehr Raum für die Verwirklichung Ihrer eigenen Ideen, tragen aber auch mehr Verantwortung und können selbstständiger arbeiten.

Ihre besonderen Fähigkeiten

Durch besondere Fähigkeiten und Fertigkeiten (Techniken) unterscheiden wir uns von unseren Mitmenschen. Dabei sind Fähigkeiten zunächst einmal nichts anderes als spezielle Anwendungen der Grundfähigkeiten. Die Grundlagen unseres täglichen Lebens sind: Lesen, Schreiben, Rechnen usw. Mit dem speziellen Einsatz sollen ganz bestimmte Ergebnisse erzielt werden. Diese Techniken müssen nicht einmal sonderlich komplex sein, sie sind sogar meist einfach zu beschreiben. Es wird Sie erstaunen, über wie viele Fähigkeiten Sie verfügen.

Aus besonderen Fähigkeiten ergeben sich Vorgänge, an die Sie sich voller Stolz erinnern, weil sie Ihnen Freude bereitet haben. Hierbei spielt es weniger eine Rolle, ob das Ergebnis andere über-

---

LERNTEST

1. Lerntest: Bringen Sie die folgenden Antworten in die richtige Reihenfolge! Das Allerwichtigste zuerst ...

Schätzen Sie ein: welche Schritte, welche Phasen entscheiden hauptsächlich über Erfolg oder Misserfolg in der Bewerbungssituation?

a) gute Recherche
b) nachhaltige Vorbereitung
c) sich mit sich selbst intensiv auseinandersetzen
d) Unterstützung von kompetenter Seite
e) die überzeugenden Bewerbungsunterlagen

Die richtige Lösung finden Sie im nächsten Lerntest auf Seite 34.

zeugen könnte. Normalerweise ergibt sich das eine aus dem anderen.

Was kann ich am besten, und was mache ich am liebsten?

Sind Sie vielleicht besonders gut im Organisieren? Oder macht es Ihnen Freude, Dinge zusammenzubauen? Liegt Ihre Stärke im Analysieren, Überprüfen, Erfinden, Entscheiden oder Beraten von Menschen? Es gibt viele Möglichkeiten – denken Sie in Ruhe nach.

Denn: Wenn Sie etwas gut können, wird es Ihnen auch Spaß machen. Spaß haben Sie an einer Sache, weil sie Ihnen leichtfällt. Fragen Sie sich daher zunächst einmal bei einer Sache bzw. Tätigkeit: »Macht mir das Spaß?« und nicht: »Mache ich das gut?«.

Es sollte Ihnen jetzt nicht peinlich sein, Fähigkeiten von sich zu benennen, die Sie gut beherrschen, im Gegenteil, hier kommt es jetzt darauf an, wirklich herauszuarbeiten, was Sie gut können. Haben Sie keine Angst, Ihre »Erfolgsgeschichten« könnten als Prahlerei angesehen werden. Arbeitgeber wissen sehr wohl, dass Ihr Leistungspotenzial ohne Enthusiasmus niemals voll ausgeschöpft wird.

Wenn es Ihnen schwerfällt, diese Frage zu beantworten, dann hilft Ihnen vielleicht die nachfolgende Liste von Verben, Ihre Fähigkeiten und Begabungen zu beschreiben.

analysieren	darstellen	geben	nachforschen	unternehmen
anbieten	definieren	gebrauchen	nähen	unterrichten
anbringen	dekorieren	gestalten	nehmen	unterstützen
anleiten	diagnostizieren	gewinnen	organisieren	verantworten
annähern	dienen	großziehen	planen	verarbeiten
anpassen	drucken	gründen	programmieren	verbalisieren
anpreisen	einführen	halten	publizieren	verbessern
anregen	einordnen	heben	rechnen	verbinden
anwerben	einschätzen	helfen	reden	vereinen
arrangieren	einsetzen	herausgeben	rehabilitieren	vergrößern
auflösen	einspringen	herausfinden	reisen	verhandeln
aufnehmen	empfangen	herausziehen	reparieren	verkaufen
aufstellen	empfehlen	herstellen	restaurieren	verkleinern
aufwerten	entdecken	hervorheben	richten	versammeln
ausdehnen	entscheiden	identifizieren	riskieren	verschreiben
ausdrücken	entwickeln	illustrieren	sammeln	versöhnen
ausgraben	erfinden	improvisieren	schreiben	versorgen
ausstellen	erforschen	informieren	singen	verstärken
auswählen	erhalten	inspizieren	sortieren	verstehen
bauen	erinnern	integrieren	spielen	vertreiben
beantworten	erklären	interviewen	sprechen	vertreten
bedienen	erstellen	kochen	steuern	vervollständigen
beeinflussen	erneuern	komponieren	systematisieren	verweisen
befragen	erreichen	kommunizieren	tanzen	visualisieren
begreifen	erschaffen	kontrollieren	teilen	voraussagen
behandeln	erwerben	koordinieren	testen	vorbereiten
bekommen	erzählen	kritisieren	trainieren	vorführen
beliefern	fahren	lehren	treffen	vorstellen
benutzen	festigen	leiten	trennen	vorwegnehmen
beobachten	feststellen	lernen	überblicken	wiederfinden
beraten	finanzieren	lesen	übergeben	wiegen
berichten	folgen	liefern	überprüfen	zeichnen
beschützen	formen	lösen	übersetzen	zeigen
bestellen	formulieren	malen	überwachen	züchten
betreuen	fotografieren	manipulieren	überzeugen	zuhören
bewerten	fühlen	meistern	umschreiben	zusammenbauen
beziehen	führen	motivieren	unterhalten	zusammenfassen

Überlegen Sie in aller Ruhe, was Sie anderen – ebenfalls qualifizierten – Mitbewerbern auf dem Arbeitsmarkt voraushaben. Das ist Ihr USP, Ihr Alleinstellungsmerkmal, etwas, das Sie deutlich positiv von anderen Bewerbern um denselben Arbeitsplatz unterscheidet. Erledigen Sie vielleicht Ihnen übertragene Aufgaben gründlicher, schneller, kreativer etc.?

Je präziser Sie Ihre Geschicklichkeit im Umgang mit Menschen, Ideen, Daten und Maschinen (Materialien) beschreiben können, desto eher finden Sie einen Arbeitsplatz und überzeugen Personalentscheider, sich für Sie zu entscheiden.

Es ist wichtig, dass Sie diese neuen Erkenntnisse, die Sie über sich gewinnen, aufschreiben.

Ihre besonderen Erfolge

Nun geht es um Ihre besonderen Erfolge, große und auch kleine, kurzum das, was Sie persönlich erreicht oder geleistet haben: die Verbesserung einer Situation, die Lösung eines Problems oder einen materiellen oder geistigen Gewinn.

Ihre bisherigen Leistungen sind der Schlüssel für die Erstellung Ihres Lebenslaufs, die Basis für das erfolgreiche Absolvieren von Vorstellungsgesprächen und damit für die Eroberung des gewünschten Arbeitsplatzes.

Stellen Sie eine Liste Ihrer Leistungen auf. Dabei sollten Sie Ihre gesamte schulische und berufliche Laufbahn berücksichtigen. Denken Sie an jedes Ereignis, das von anderen bewundert wurde oder auf das Sie stolz waren.

Ihre Liste beruflicher Erfolge sollte Situationen wie die folgenden beinhalten:

- Sie lösten ein Problem oder bewährten sich in einer Ausnahmesituation.
- Sie haben etwas erschaffen oder gebaut.
- Sie entwickelten eine Idee.
- Sie zeigten Führungsqualitäten, als man Sie herausforderte.
- Sie hielten sich an spezielle Anweisungen und erreichten das Ziel.
- Sie erkannten ein besonderes Bedürfnis und befriedigten es.
- Sie haben aktiv zu einer Entscheidung oder einem Wechsel beigetragen.
- Sie steigerten den Gewinn, halfen Zeit zu sparen oder reduzierten die Kosten.
- Sie halfen jemandem, sein Ziel zu erreichen.
- Sie sparten Material, Aufwand etc. (Zeit und Geld) ein.

Wenn Sie Berufseinsteiger sind und noch keine beruflichen Erfolge vorzuweisen haben, können Sie zum Beispiel darstellen, wie Sie Ihre Wohnung renovierten oder ein Auto kauften, um daran Ihrem Gegenüber zu vermitteln, wie Sie bei Problemen und deren Lösung vorgehen. Bei der Themenwahl sind Ihrer Fantasie keine Grenzen gesetzt.

Orientieren Sie sich bei Ihrer Darstellung an folgender Grundstruktur:

1. Was war Ihr Ziel?
2. Wo lag das Problem?
3. Wie lösten Sie es?
4. Welche Fähigkeiten setzten Sie ein?
5. Welches Resultat erzielten Sie?

Die folgenden Fragen sollten Sie in Ihren Berichten klar herausarbeiten und beantworten:

- Wie profitierten Sie bzw. das Unternehmen davon?
- Welcher Art war der Erfolg?

Benutzen Sie diese Erfolge als Bausteine für Ihre Bewerbungsunterlagen, aber auch später im Vorstellungsgespräch.

Beschreiben Sie die Vorgänge so genau wie möglich, dann können Sie in Ihren Bewerbungsunterlagen mit Ihren Erfolgsberichten Auskunft darüber geben, wie Sie Ihre Fähigkeiten in anderen beruflichen Situationen einsetzen werden. Denn hinter jeder Ihrer Leistungen stehen genau die Fähigkeiten, die Sie ans Ziel brachten. Wenn Sie Ihre Erfolge schildern, zeigen Sie dem potenziellen Arbeitgeber, wie Sie mit Ihren Fähigkeiten an Aufgaben in seinem Betrieb herangehen würden. Sie vermitteln ihm einen Eindruck, was er von Ihnen erwarten kann.

Beispiel 1

In dem letzten Restaurant – in dem ich als »Mädchen für fast alles« tätig war – hatten wir über längere Zeit mit einem deutlichen Umsatzrückgang zu kämpfen. Ich schlug dem Chef vor, ob wir nicht an den schwächsten Umsatztagen, das waren der Montag- und der Dienstagabend, unseren Gästen etwas Besonderes anbieten könnten. Nur was, war die Frage, und da kam mir folgende Idee. An diesen Abenden sollte das zweite Essen nur die Hälfte kosten, einfach ideal für Paare. Es dauerte nicht lange, dann hatte sich dieser Naturalienrabatt herumgesprochen, und wir hatten an speziell diesen Tagen fast immer ein gut besuchtes Restaurant. Mein Chef besitzt noch zwei weitere Restaurants, und fortan war ich für das Marketing und die Sonderveranstaltungen maßgeblich verantwortlich. Später habe ich sogar kleine

Events, Livemusik und schauspielerische Einlagen organisiert, und wir entwickelten uns zu einem richtigen Szene-Restaurant mit Kulturprogramm.

Fazit: Ich verfüge über eine gute Portion Einfallsreichtum und Kreativität. Das kann ich geschickt im gastronomischen Bereich einbringen und mit den Besucherzielgruppen in einen guten ökonomischen Einklang bringen ...

Beispiel 2

Wir hatten in unserem Sportverein nur eine sehr niedrige Quote an jungen Mitgliedern. Ich schlug dem Vorstand vor, einen Tag der offenen Tür für alle Schulen in der Umgebung zu veranstalten. Da gab es an einem Freitagnachmittag Musik und Vorführungen, und wir haben uns gezielt an die Schulen in der Umgebung und die Elternvertreter gewandt. Für Lehrer und Eltern hatten wir einige Experten organisiert, die Sport-, Ernährungs- und auch andere Gesundheitsthemen anboten. Nach diesem Tag bekamen wir im Laufe des nächsten Monats über 50 Neuanmeldungen von jungen Menschen und sogar 10 Eltern, die unserem Verein beigetreten sind. Besonders stolz bin ich aber darauf, dass jetzt auch zwei Schulleiter unter den neuen Vereinsmitgliedern sind, die sich an ihrer Schule langfristig für unsere Anliegen engagieren werden.

Fazit: Ich habe ein Händchen für Organisation und Öffentlichkeitsarbeit bewiesen. Daraufhin bin ich in den Vorstand gewählt worden. Viele Vereinsmitglieder trauen mir zu, die Geschicke unseres Sportvereins nach außen gut zu vertreten.

3. Was wollen Sie erreichen?

Bei aller Freude an außergewöhnlichen Fertigkeiten und Erfolgen – Talent allein reicht nicht. Sie müssen den Wunsch und den Willen haben, Ihre Fähigkeiten auch einzusetzen. Das ist genau der Punkt, an dem viele Begabte scheitern. Zum Aufbau einer Karriere gehören Zielstrebigkeit und Disziplin unbedingt dazu.

Sie haben sich ein Bild von sich selbst, von Ihren Persönlichkeitsmerkmalen und Ihren Kompetenzen gemacht. Nun möchten wir Ihnen helfen, darüber nachzudenken, was Sie damit anfangen können – und vor allen Dingen, was Sie damit anfangen wollen.

Was wollen Sie wirklich?

Spontan glauben Sie wahrscheinlich, dass Sie diese Frage leichter beantworten können als die Frage nach den eigenen Fähigkeiten. Denn wer lobt sich schon gern selbst? Je länger Sie aber über die Frage nach Ihren persönlichen Zielen nachdenken, desto verschwommener und widersprüchlicher wird vermutlich das Bild, das Sie entwerfen. Aus diesem Grund ist es wichtig, dass Sie sich auch für diesen Aspekt genügend Zeit nehmen.

Bei der Frage »Was will ich?« sollten Sie zwischen privaten und beruflichen Zielen unterscheiden, dabei sind natürlich auch Überschneidungen möglich. Einen intensiven Einstieg in die Thematik finden Sie, wenn Sie sich mit den folgenden **10 Fragen** befassen:

---

10 Fragen

Mit diesen 10 Fragen bringen wir unsere Seminarteilnehmer fast immer zu einem neuen Bewusstsein, zu einer Erweiterung ihrer Sichtweise und Erkenntnis. Nach den ersten fünf sollten Sie sich eine deutliche Pause gönnen, nach der zehnten könnten Sie den starken Wunsch verspüren, Ihr Leben zu verändern.

1. Was würden Sie tun,
wenn Sie nur noch zwölf Monate Lebenszeit vor sich hätten, aber bis zum Ende völlig gesund, schmerzfrei, also im Vollbesitz Ihrer physischen und geistigen Kräfte wären und schon alle Plätze dieser Welt, die für Sie interessant sind, gesehen hätten und auch alle Verwandten und Freunde über Ihr Schicksal informiert und sich mit den für Sie wichtigen Personen ausgesprochen hätten?

2. Was würden Sie tun,
wenn Sie 10 Millionen Euro ausgeben könnten und schon alle persönlichen Finanzfragen geklärt hätten, Ihrer Familie und Freunden schon genug gegeben und ebenso für wohltätige Zwecke bereits großzügig gespendet hätten und bei bester persönlicher Gesundheit wären?

3. Was würden Sie machen,
wenn Sie wüssten, es könnte nichts schiefgehen, dass alles, was Sie machen und anpacken, Ihnen gelingen würde? Lassen Sie Ihrer Fantasie freien Lauf. Unabhängig davon, wer Sie heute sind und in welcher Situation Sie leben.

4. Welche Person würden Sie gerne sein wollen, wenn Sie es sich aussuchen könnten?

Egal aus welchem Bereich auch immer, Kunst, Kultur, Politik, Geschichte, Literatur, egal ob diese Person männlich oder weiblich ist, noch lebt oder bereits vor langer Zeit gelebt hat, unabhängig davon, ob sie überhaupt jemals real existiert hat oder nicht, also auch nur ein fiktiver Charakter ist (z. B. Micky Maus).

5. Wenn Sie ein Tier oder ein Gegenstand sein könnten, was wären Sie dann am liebsten und warum?

Lassen Sie Ihrer Fantasie freien Lauf.

6. Was erwarten Sie von Ihrem Leben?

Sie können nicht wissen, was Sie von Ihrem Berufsleben erwarten, wenn Ihnen nicht klar ist, was Sie sich eigentlich von Ihrem Leben erwarten.

7. Was bedeutet für Sie, Erfolg zu haben?

Suchen Sie sich keine Arbeitsaufgaben, keinen Arbeitsplatz, bevor Sie nicht wirklich darüber nachgedacht haben, was Erfolg für Sie persönlich bedeutet.

8. Was möchten Sie im Leben allgemein, für sich privat und beruflich erreichen?

Bestimmen Sie zuerst, was Sie im Leben beruflich wie privat erreichen wollen, und machen Sie sich erst dann auf den Weg zu Ihren Zielen.

9. Wem möchten Sie imponieren, wen durch Ihre persönlichen Eigenschaften und beruflichen Leistungen beeindrucken?

Die meisten Menschen sind permanent bemüht, andere Menschen zu beeindrucken. Finden Sie heraus, wen Sie auf welche Weise beeindrucken wollen und warum. Man kann nicht alle Menschen gleich beeindrucken.

Manche sind durch Geld, Status, andere durch Intellekt, Charakter, Fertigkeiten usw. zu überzeugen. Weshalb wollen Sie bewundert werden und von wem? Wir wünschen uns alle Beachtung und Wertschätzung. Die Frage ist nur, in wessen Augen und auf welche Weise.

10. Was ist Ihr eigentlicher Plan, Ihr geheimer Wunsch, Ihr Traumziel: reich, bewundert, berühmt oder mächtig und einflussreich zu werden?

Entscheiden Sie sich. Keiner spricht gerne offen von seinen Wünschen, beispielsweise »stinkreich« zu werden, immer im Mittelpunkt des Interesses zu stehen, von allen bewundert zu werden oder Macht ausüben zu können. Überwinden Sie sich, und gestehen Sie sich schonungslos ein, was Sie anderen gegenüber nicht so gerne zugeben würden. Es hilft Ihnen, herauszufinden, worum es Ihnen wirklich geht.

Haben Sie gründlich über die Fragen nachgedacht und – vor allem – sie ehrlich beantwortet?

Eltern, Lehrer, Freunde: Viele Menschen um Sie herum sagen Ihnen vielleicht, was Sie vom Leben erwarten sollten. Sie müssen die Ratschläge anderer für sich jedoch nicht akzeptieren. Gehen Sie mutig Ihren eigenen Weg (schließlich gilt: *Wir sind nicht auf der Welt, um so zu sein, wie andere uns haben wollen*).

Setzen Sie sich ausführlich mit den 10 Fragen auseinander. Es lohnt sich, länger über sie nachzudenken, denn man kann schnell einer (Selbst-)Täuschung anheimfallen, wenn es um die Frage geht: Was erwarte ich vom Leben? Denken Sie besser zweimal darüber nach.

Was wollen Sie mit Ihrer Arbeit bewirken?

Sie sollten möglichst ein konkretes Ziel vor Augen haben. Etwas mutig auszuprobieren ist sicher ehrenvoll, etwas zu erreichen, zu erzielen, zu bewirken eindeutig besser. So hilft es niemandem, wenn Sie zum Beispiel nach vierstündiger erfolgloser Recherche sagen: »Immerhin habe ich es

probiert!« Suchen Sie besser weiter, bis Sie fündig geworden sind, denn in der Arbeitswelt zählen nicht Versuche, sondern Erfolge!

Die Voraussetzung dafür ist, dass Sie wissen, was Sie wollen (suchen!). So haben Sie ein konkretes Ziel vor Augen und arbeiten erfolgreich darauf hin. Das erfordert eine gewisse Planung. Die grundsätzlichen Fragen dabei sind: Was treibt Sie an? Was ist Ihre Motivation?

Ihre Arbeitsmotivation

Welche Arbeitsmotive und -ergebnisse sind Ihnen wichtig? Kurz-, mittel- und langfristig? Und warum? Machen Sie sich Gedanken darüber, wie die unmittelbaren Ergebnisse Ihrer Arbeit aussehen sollen.

Welche Ergebnisse möchten Sie erzielen und auf welche Weise?

Wollen Sie zum Beispiel ein Produkt herstellen, Menschen helfen oder Informationen sammeln? Versuchen Sie, diese Frage mithilfe der Motivationsliste zu beantworten.

Es gibt drei Hauptrichtungen, in die Leistungsmotivation eingeteilt werden kann. Etwas vereinfacht:

Der Macher und Leader – er will vor allem ...
- etwas bewirken
- maximalen Einfluss nehmen
- etwas voranbringen
- etwas erreichen
- etwas durchsetzen
- gestalten
- verantworten
- bestimmen
- entscheiden
- organisieren
- managen
- initiieren

Der Helfer und Lehrer – er will vor allem ...
- anderen helfen
- unterstützen
- erziehen
- andere ermutigen
- aufbauen
- anderen etwas beibringen
- erklären
- zeigen
- vermitteln

- beraten
- andere interessieren
- aufmerksam machen
- unterrichten

Der Forscher und Künstler – er will vor allem etwas ...
- herausfinden
- weiterentwickeln
- verbessern
- entdecken
- analysieren
- erforschen
- ausprobieren
- zum Laufen bringen
- erfinden
- beweisen

ORIENTIERUNG: IHR WUNSCHARBEITSPLATZ

Zur guten Vorbereitung auf Ihre Initiativbewerbung gehört auch, dass Sie sich überlegen, wo Sie arbeiten wollen. Damit ist nicht nur der Ort gemeint, sondern vielmehr die Branche, die Arbeitsbedingungen und das Tätigkeitsfeld, in dem Sie aktiv werden wollen.

Wenn Sie das entschieden haben, können Sie sich ganz gezielt bei bestimmten Unternehmen bewerben bzw. Networking betreiben (siehe Seite 32), um Ihren Wunschjob zu erobern.

Wenn Sie Ihren idealen Arbeitsplatz schneller finden wollen, müssen Sie ein Bild davon in Ihrem Kopf haben. Je deutlicher dieses Bild ist, umso besser für Ihre Suche.

Bisher sind Sie davon ausgegangen, dass Sie einen Bereich kennen, der Sie speziell interessiert. Um jedoch Ihr Blickfeld zu erweitern, überlegen Sie zunächst auch einmal, wie das Drumherum bei Ihrer Arbeit aussehen sollte, damit Sie beruflich zufrieden und glücklich werden. Wenn Sie sich mehr Klarheit darüber verschaffen wollen, beantworten Sie die folgenden Fragen:

1. In welcher Umgebung und in welchem geistigen und emotionalen Klima würden Sie am liebsten arbeiten?
2. Mit welchen Leuten würden Sie bevorzugt zusammenarbeiten?
3. Von welcher Wissensbasis aus würden Sie am liebsten tätig sein?
4. Mit welchen Dingen würden Sie sich am liebsten beschäftigen?
5. Welche kurz- und langfristigen Arbeitsergebnisse sind Ihnen wichtig?
6. Wie möchten Sie be- und entlohnt werden?

Natürlich ist es schwierig, einen Arbeitsplatz zu finden, der ganz genau Ihren Vorstellungen entspricht; aber Sie werden überrascht sein, wie nahe Sie diesem Ziel kommen können, wenn Sie Ihren Traum nicht von vornherein selbst anzweifeln. Sie werden vermutlich nur unzufrieden bleiben, wenn Sie die Suche nicht oder nur halbherzig angehen.

Hatten Sie sich Ihren letzten bzw. derzeitigen Arbeitsplatz selbst ausgesucht? Wahrscheinlicher

Die 6 gefährlichsten Fallen

- Sich darauf zu verlassen, dass man schon erkennen wird, was Sie zu leisten imstande sind und das auch wertschätzt

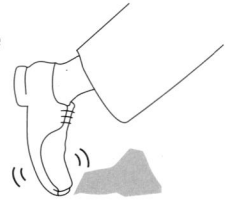

- Zu glauben, Ihre beigefügten Arbeitszeugnisse/Arbeitsproben könnten Ihr Gegenüber von Ihrem Wissen und Können überzeugen

- Dem Leser Ihres Angebotes zu viel oder zu wenig anzubieten

- Die wichtigsten Spielregeln bei einer klassischen schriftlichen Bewerbung außer Acht zu lassen (Stichwort Auswahl des Fotos)

- Ebenso die Bedeutung der Rubriken Hobbys, Interessen, Engagement

- Überhaupt: die Überschrift Lebenslauf viel zu wörtlich zu nehmen

ist, dass Sie Ihren Job durch Zufall fanden und er Ihnen in dem Augenblick ganz gelegen kam. Haben Sie jemals einen Gedanken daran verschwendet, was Sie an Ihrer Arbeit wirklich interessiert und begeistert oder was Ihnen in Ihrem Berufsleben fehlt? Falls Sie in Ihrer derzeitigen Position unglücklich sind, sollten Sie möglichst genau wissen, was Sie daran ändern wollen.

Vielleicht kennen Sie schon lange Ihre beruflichen Wünsche, wollten sie sich und anderen aber nicht eingestehen, vielleicht gab es jedoch nur dieses unbestimmte Gefühl einer Unzufriedenheit, das Ihnen gelegentlich zu schaffen machte.

Wenn Sie an Ihrem zukünftigen Arbeitsplatz zufrieden sein wollen, dann sind für die richtige Wahl Ihre persönlichen Interessen genauso wichtig wie die Berücksichtigung Ihrer Fähigkeiten. Interessen und Fähigkeiten sind überhaupt nicht voneinander zu trennen: Wir bringen die besten Leistungen bei der Erledigung von Aufgaben, die uns Spaß machen oder Erfüllung bringen.

Ihr potenzieller Arbeitgeber

Ein Arbeitgeber richtet sein Augenmerk natürlich eher auf den Nutzen und Gewinn, den er für sich und sein Unternehmen erwarten kann, weniger auf Ihre Interessen. Trotzdem sollten Sie sich an dieser Stelle vor allem Gedanken darüber machen, was Sie im Leben am meisten interessiert, denn nur so lassen sich Privat- und Berufsleben in einen günstigen, befriedigenden Einklang bringen. Gehen Sie an Ihre Arbeit mit dem Engagement heran, das Sie auch in Ihrer Freizeit bei Ihrer Lieblingsbeschäftigung entwickeln.

Wenn Sie sich über Ihre Interessen, Fähigkeiten und Möglichkeiten im Klaren sind, rückt ein

mit Zufriedenheit verbundenes berufliches Ziel für Sie in greifbare Nähe.

Angenommen, Sie erkennen bei sich Verkaufstalent. Verkaufen können ist zweifelsohne eine der wichtigsten Fähigkeiten in unserer Arbeitswelt. Aber neben der entscheidenden Frage, was Sie eigentlich verkaufen wollen, ob Luftballons oder Sonnenkollektoren, Konzertkarten oder Kooperationskonzepte für multinationale Großkonzerne, neben dem Verkaufsgegenstand also ist es für Sie und Ihr Vorhaben bedeutsam, wer hinter Ihrem potenziellen Verkaufsobjekt steht, mit welcher Zielgruppe, d.h. im klassischen Sinne mit welchem Arbeitgeber, Sie es zu tun haben.

Klar jedenfalls ist, dass sich Luftballongroßhändler von Unternehmensberatungen für Großkonzerne ganz gewaltig unterscheiden. Und damit dürfte ebenso klar sein, dass sich die Art der Kontaktaufnahme deutlich unterscheidet. Aber auch die langfristige Kommunikation in diesem branchenspezifischen Betätigungsfeld wird sich anders gestalten mit all den sich daraus ergebenden Konsequenzen für Sie, der/die hier etwas anzubieten hat, der/die hier erfolgreich tätig werden will.

Die präzise Ausrichtung auf Ihre Zielgruppe, auf die Einkäufer Ihrer Dienstleistung, ist einer der wichtigsten Bausteine in Ihrem strategischen Vorgehen. Wenn Sie dann noch das bedeutsamste, das dringendste Problem Ihrer Zielgruppe erkennen und bedienen können, wird Ihr beruflicher Erfolg nicht lange auf sich warten lassen (s. auch Seite 40, »Exkurs: Davon träumen Arbeitgeber«).

Die besonderen Anforderungen

Sie wissen, was Sie Besonderes können, und kennen das berufliche Betätigungsfeld, in dem Sie wahrscheinlich erfolgreich sein werden. So haben Sie die dafür interessanteste Zielgruppe – Ihren Arbeitsplatzanbieter – identifiziert. Jetzt gilt es, für genau diese Zielgruppe die wichtigsten beruflichen Probleme so präzise wie möglich zu analysieren, um die geeigneten Lösungen anbieten zu können.

Je besser Ihnen das gelingt, je genauer Sie durch Ihr besonderes Leistungsangebot die Probleme Ihrer Zielgruppe zu lösen helfen, desto wichtiger werden Sie für Ihre Zielgruppe, desto wertvoller sind Ihre Dienste.

Hierbei hilft Ihnen ein einfacher gedanklicher Rollentausch. Je besser Sie sich in die Lage Ihrer Zielgruppe versetzen können, desto größer ist Ihre Chance, deren wirkliche Probleme zu erkennen und zu verstehen. Damit ist für Sie die Möglichkeit verbunden, dieser Zielgruppe ein überzeugendes Problemlösungsangebot zu offerieren.

Versetzen Sie sich in die Lage Ihres potenziellen Arbeitgebers: Was wäre wohl Ihr größtes Problem, wenn Sie sich in der beruflichen Situation befänden, in der Ihr potenzieller Chef ist?

Lassen Sie sich dabei immer von dem Gedanken leiten, was gerade Sie tun können, um den Nutzen Ihrer Dienstleistung für Ihre Zielgruppe zu optimieren. Denn: Die Verbesserung der beruflichen Situation Ihrer Zielgruppe hat mit Sicherheit positive Auswirkungen, positive Rückwirkungen auf Sie. Dabei werden Sie früher oder später auch auf Grenzen Ihrer Leistungs- und Problemlösefähigkeiten stoßen. Grund, sich mit der Frage auseinanderzusetzen: Was hindert Sie, was ist Ihr persönlicher Engpass, wo hapert es noch in der Bemühung um ein besonderes Leistungsangebot für Ihre Zielgruppe?

Die drei Kriterien für ein effektives Ziel

- Es ist möglichst genau definiert: Finden Sie heraus, was Sie erreichen wollen.
- Es ist konkret messbar: Drücken Sie es in Zahlen aus.
- Es kann von Ihnen weitestgehend selbst bestimmt werden: Sie haben die volle Kontrolle über den Weg zum Ziel.

✪ Checkliste: Orientierung

- ○ Erarbeiten Sie sich ein klares inneres Bild: von sich selbst, von Ihren Fähigkeiten, von Ihren Neigungen, von Ihrem Traumjob.
- ○ Bestimmen Sie zuerst, was Sie im Leben erreichen wollen; erst dann definieren Sie Ihre weiteren Ziele.
- ○ Keiner spricht gern offen von seinen Wünschen, z. B. reich zu werden, von allen bewundert zu werden, Macht ausüben zu können usw. Überwinden Sie sich, und gestehen Sie sich selbst ein, was Sie anderen gegenüber nicht so gerne zugeben würden. Das wird Ihnen helfen, herauszufinden, worum es Ihnen wirklich geht.
- ○ Finden Sie heraus, wen Sie wie beeindrucken wollen und warum.
- ○ Sie können sich nicht wirklich darüber klar werden, was Sie von Ihrem Berufsleben erwarten, wenn Sie nicht wissen, was Sie von Ihrem Leben erwarten.
- ○ Gehen Sie Ihren eigenen Weg. Folgen Sie nicht den Ratschlägen anderer, wenn es um die Frage geht, was Sie persönlich vom Leben erwarten.
- ○ Haben Sie Vertrauen in Ihre eigenen Fähigkeiten.

✪ Zu Ihrem konkreten beruflichen Ziel

- ○ Formulieren Sie ein eindeutiges Ziel. Sagen Sie also nicht »Ich möchte aufsteigen«, sondern zum Beispiel »Ich will im Unternehmen X bleiben und Leiter der Abteilung Y werden«.
- ○ Konkretisieren Sie Ihr Ziel. Verlangen Sie nicht einfach »Ich möchte zufriedener sein mit meiner Arbeit«, sondern machen Sie sich Gedanken, wie Sie das erreichen wollen, wie Sie den Grad von Zufriedenheit für sich ganz persönlich definieren. Hier ein Beispiel: »Ich will glücklicher in meinem Job werden, indem ich mich nicht mehr an langweilige Routineaufgaben klammere und dadurch mehr Zeit für die Planung, die spannendere Ausarbeitung konzeptioneller Ideen gewinne.«
- ○ Legen Sie fest, wann Sie Ihr Ziel erreicht haben wollen, und begründen Sie diesen Zeitpunkt. Das kann so aussehen: »Ich möchte in einem Jahr die Beförderung geschafft haben, denn länger zu warten, wäre frustrierend.«
- ○ Überprüfen Sie, ob sich Ihr berufliches Ziel mit Ihren privaten Interessen und Vorstellungen vereinbaren lässt. Wenn Sie zum Beispiel Abteilungsleiter werden wollen, aber gleichzeitig mehr Zeit mit Ihrer Familie verbringen möchten, sollten Sie sich fragen, wie das funktionieren kann. Falls Sie feststellen, dass es sehr wahrscheinlich zu Zielkonflikten kommen würde, müssen Sie sich für ein Ziel entscheiden und sich darauf konzentrieren.
- ○ Finden Sie heraus, welche inneren Zwänge Sie am Erreichen Ihres Zieles hindern könnten.
- ○ Überlegen Sie, ob und von welcher Seite Sie mit Unterstützung für Ihre Anstrengungen rechnen können.
- ○ Prüfen Sie, wie realistisch Ihr Ziel ist. Gerade über diesen Punkt sollten Sie mit anderen reden. Auf diese Weise bekommen Sie Tipps, wie Sie die Sache am besten anpacken oder welche Ziele Sie alternativ ansteuern könnten.

Erfolgskonzepte

Für jeden Menschen bedeutet erfolgreich zu sein etwas anderes. Für den einen ist Erfolg, 10.000 Quadratmeter Teppichboden zu verkaufen, für den anderen, Verantwortung zu tragen und Entscheidungen zu treffen oder anderen Menschen hilfreich zur Seite zu stehen.

Wenn es darum geht, erfolgreich das Leben zu meistern, die eigenen Wünsche und Vorstellungen durchzusetzen, gibt es aber in jedem Fall auch Grundlagen, die für alle Menschen gelten. Um solche geht es in diesem Kapitel.

NETWORKING – MIT BEZIEHUNGEN ZUM ERFOLG

Nichts ist in der Arbeitswelt so wichtig wie Beziehungen. Ein guter Bekannter erzählt Ihnen, dass im Betrieb eines Freundes ein Arbeitsplatz frei wird – genau der Job, den Sie schon lange suchen. Und er legt für Sie ein gutes Wort bei seinem Freund ein. Ein Idealfall sicherlich, aber so oder ähnlich läuft es nun mal oft im Geschäftsleben.

Voraussetzung dafür, dass Sie solche Informationen und persönlichen Empfehlungen bekommen, ist, dass Sie Leute kennen, die Sie mögen, die sich für Sie einsetzen und die bereit sind, Sie zu fördern. Ohne entsprechende Position in einem Unternehmen ist das natürlich schwierig. Deshalb: Die Beziehungen anderer, die sich für Sie einsetzen, sollten Sie nicht über-, aber vor allem auch nicht unterschätzen.

Netzwerke sind wichtig

Über beinahe jede freie Stelle sprechen die Verantwortlichen zunächst mit Geschäftspartnern oder Freunden, bevor die Position öffentlich ausgeschrieben wird – wenn man sie überhaupt je auf dem Arbeitsmarkt anbietet. Wenn jemand befördert, entlassen oder versetzt wird, ist das eine Zeit lang nur einem kleinen Kreis von Leuten bekannt. Das beginnt schon bei der Planung.

Zuerst redet man in der Abteilung über die anstehende Veränderung, dann werden die nächsthöheren Vorgesetzten informiert und um Zustimmung gebeten. Anschließend überlegt man, welche der vorhandenen Mitarbeiter für eine Beförderung infrage kommen. Erst nach all diesen Erwägungen schaltet man die Personalabteilung ein, die sich dann früher oder später für oder gegen eine Stellenanzeige oder den Einsatz eines externen Personalberaters entscheidet.

Dieser informelle Prozess findet täglich überall auf der Welt statt, und neue Arbeitsplätze entstehen, ohne dass irgendjemand in der Öffentlichkeit davon erfährt. Auf der Suche nach einem neuen Arbeitsplatz muss es Ihnen daher gelingen, diese Informationskreise zu finden und in sie einzudringen. Sie sollten also auf Ihre Kenntnisse und Leistungen möglichst frühzeitig aufmerksam machen, nämlich bevor in der Zeitung eine Annonce erscheint, auf die dann 500 andere Bewerber antworten.

Dieses Ziel erreichen Sie, indem Sie zu möglichst vielen Menschen Kontakte knüpfen, bis Sie schließlich auf Leute treffen, die von interessanten freien Stellen gehört haben oder Ihnen sogar direkt weiterhelfen können. Sind Sie erst einmal Teil dieses Informationskreislaufs, haben Sie einen enormen Vorteil gegenüber anderen Kandidaten.

Ziel Ihrer Netzwerkstrategie muss es natürlich sein, jemanden kennenzulernen, für den Sie gerne arbeiten würden. Aber auch alle Menschen, die Ihnen auf dem Weg dorthin begegnen, sollten Teil Ihres Netzwerkes werden, denn Zufälle spielen eine wichtige Rolle beim Informationsfluss. Der entscheidende Hinweis auf einen Arbeitsplatz kann von jedem Ihrer Mitmenschen kommen.

So bauen Sie ein Beziehungsnetz auf

Vielleicht verfügen Sie ja auch schon über besondere Beziehungen (»Vitamin B«). Wenn nicht, sorgen Sie dafür, dass sie entstehen, zum Beispiel durch Verwandte, Bekannte, Freunde, die Freunde Ihrer Freunde, Exkollegen, Ausbilder oder Vorgesetzte. Und wenn Sie keiner empfiehlt, empfehlen Sie sich selbst. Das (Berufs-)Leben schafft Kontakte, sei es zum Beispiel auf Fachmessen, Kongressen, Tagungen, bei Verkaufskontakten oder Forschungsvorhaben.

Sie sollten stets und ganz besonders während einer Phase der Arbeitslosigkeit jede Gelegenheit nutzen, neue Kontakte zu knüpfen. Wenn Sie beispielsweise einen interessanten Vortrag besuchen, sind Sie am Ende der Veranstaltung unter denen, die mit dem Referenten sprechen und ihm »kluge Fragen« stellen – u.a. vielleicht auch, welche Berufsaussichten er für jemanden mit Ihren Kenntnissen sieht. Auf diese Weise erhalten Sie vielleicht hilfreiche Informationen. Sie können den Referenten auch fragen, ob Sie ihn für weitere Auskünfte anrufen dürfen – doch Vorsicht: nicht nerven!

Netzwerke in Beruf und Freizeit

Viele erwachsene Deutsche sind Mitglied in mehreren Vereinen. Früher waren junge Menschen in der Pfadfinderorganisation, heute im Sportklub. Ein Teil der Bevölkerung hat ein Parteibuch, was sowohl früher als auch heute für das berufliche Vorankommen in bestimmten Bereichen enorm wichtig war und ist.

Gehören Sie Ihrem Berufsverband an? Sind Sie Gewerkschaftsmitglied? Ordnen Sie sich einer der beiden großen Kirchen in unserem Lande zu? Das alles sind beispielsweise klassische insti-

tutionalisierte Netzwerke in Beruf und Freizeit, genauso wie Sportvereine oder exklusive Vereinigungen wie Rotarier, Freimaurer oder besondere Golf- und Tennisklubs – sogar in Selbsthilfegruppen knüpfen Sie Kontakte.

Nicht zu vergessen sind im beruflichen Bereich Messen, Tagungen und Fortbildungsveranstaltungen, die einen geradezu idealen Nährboden für weitergehende Netzwerkkontakte darstellen.

Manchmal vergisst man, die naheliegenden Kontakte zuerst zu nutzen. Was könnte beispielsweise Ihr Berufsverband für Sie tun oder die Gewerkschaft oder ...? Es kommt uns hier nur darauf an, Ihnen bewusst zu machen, dass auch Sie ein weitgehend vorbereitetes Terrain vorfinden können, das Sie nur noch gezielt bearbeiten müssen. In der Politik nennt man so etwas Lobbyarbeit.

Beziehungen nutzen

Sie treffen sich privat oder geschäftlich mit Leuten, in Gruppen oder zu zweit. Sie lernen andere Menschen kennen, und jeder erzählt von sich. Bei dieser Gelegenheit knüpfen Sie persönliche Kontakte und erhalten auch Informationen über Berufe und Firmen, die Sie an potenzielle Arbeitgeber heranführen können. Ihre Bekannten bilden ein unterstützendes Team. Durch dieses Netzwerk ergeben sich in kürzester Zeit ungeahnte Möglichkeiten. Ein einzelnes Gespräch und die entscheidende Information können viel effektiver sein als eine Stellenanzeige, die von Tausenden gelesen wird.

Im Laufe der Zeit werden Sie so viele Informationen zusammentragen, dass Sie sich unmöglich alles merken können. Legen Sie sich eine Kartei oder eine Datei in Ihrem PC an. Notieren Sie Namen, Adressen, Telefonnummern, Arbeitgeber, Position und Bekannte Ihrer Kontaktpersonen. Sie sollten diese Informationen unbedingt regelmäßig sichten und aktualisieren.

Gehen Sie aber am besten von vornherein davon aus, dass Sie im Laufe Ihres Bewerbungsprozesses ein paar Namen aus Ihrer Netzwerkliste werden streichen können. Wenn Sie Erfolg im Beruf haben, sind Sie schnell von »Freunden« umgeben, die Sie um Rat bitten und deren eigenes Vorwärtskommen von Ihrer Hilfe abhängt. Sollten Sie aus irgendwelchen Gründen Ihre Stelle verlieren, stehen diese Leute wahrscheinlich ganz weit oben auf Ihrer Netzwerkliste.

Spätestens jetzt werden Sie feststellen, dass es zwei Arten von Bekannten gibt. Da sind einmal die »Gutwetterfreunde«, die alles für Sie getan

2. Lerntest: Ihr Wissensstand über die schriftliche Bewerbung

Achtung! Es können auch mehrere Antworten richtig sein.

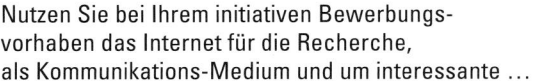

Nutzen Sie bei Ihrem initiativen Bewerbungsvorhaben das Internet für die Recherche, als Kommunikations-Medium und um interessante ...

a) Gehaltsvergleiche anzustellen
b) Menschen aus Ihrer Branche kennenzulernen
c) Informationen über Ihren Wunscharbeitsplatz herauszufinden

Die richtige Lösung finden Sie auf Seite 53.

Lösung 1. Lerntest: c, b, a, d, e

haben, als Sie noch »in Amt und Würden« waren, plötzlich aber nur noch sehr schwer zu erreichen sind. Diese Personen schätzten Ihre Stellung, als Mensch waren Sie ihnen ziemlich gleichgültig.

Zum Glück gibt es aber auch Freunde, die sich wirklich engagieren und Bemühungen auf sich nehmen werden, um Ihnen zu helfen.

Und so gehen Sie vor

Nun zur Vorgehensweise. Fragen Sie jeden Ihrer Kontakte: »Kennen Sie jemanden, der in der Firma XY arbeitet oder gearbeitet hat?« Wenn Sie auf jemanden treffen, der die Frage mit »Ja« beantwortet, erkundigen Sie sich nach Namen und Telefonnummer der Person, die für XY arbeitet. Wenn Sie Glück haben, ist Ihre Kontaktperson bereit, diesen Menschen anzurufen und zu sagen, wer Sie sind, und Ihnen zu einem Kontakt zu verhelfen.

Anschließend rufen Sie selbst die Person, die für das Unternehmen XY arbeitet, an und bitten um ein kurzes Gespräch. Nach Austausch der üblichen Höflichkeitsfloskeln kommen Sie dann auf Ihr Anliegen zu sprechen. Da Ihr Gesprächspartner die Organisation XY von innen kennt, wird er Ihre Frage genau beantworten können: »Wer stellt in der Firma XY das Personal für den Bereich ein, in dem ich arbeiten möchte?« Fragen Sie nicht nur nach Namen, Adresse, Telefonnummer des Verantwortlichen, sondern auch nach seinem genauen Aufgabenbereich, seinen Hobbys und seinem Befragungsstil.

Stellen Sie gegen Ende des Gesprächs allgemeine Fragen zum Unternehmen. Am Schluss bedanken Sie sich bei Ihrer Kontaktperson und verabschieden sich. Versäumen Sie auf gar keinen Fall, sich noch am selben Abend hinzusetzen und einen Dankesbrief zu schreiben.

Erfolgreich bewerben mithilfe von Beziehungen

Bei der Suche nach einem Arbeitsplatz müssen Sie sehr viel Zeit investieren, sich mit Leuten zu treffen, sich auszutauschen, um auf diesem Wege von neuen Arbeitsmöglichkeiten zu hören. Durch Ihre Kontakte gelangen Sie an Informationen über interessante Unternehmen und stoßen auf Angebote des verborgenen Arbeitsmarktes. Mit »verborgenem Arbeitsmarkt« sind Stellen gemeint, die bisher nicht in der Zeitung standen oder Arbeitsvermittlern mitgeteilt wurden. Etwa gut 70 Prozent der zu besetzenden Arbeitsplätze werden dem freien Arbeitsmarkt nicht in Form von Stellenangeboten zugänglich gemacht.

Sie müssen also nur mit möglichst vielen Leuten reden, damit Sie die gewünschten Reaktionen im Zusammenhang mit Ihrem Bewerbungsvorhaben bekommen. Gibt es auf dem Arbeitsmarkt freie Stellen in den angestrebten Berufen? Befinden sich die Arbeitsplätze in der Nähe Ihres derzeitigen Wohnortes, oder werden Sie in eine andere Stadt ziehen müssen? Nur wer mit anderen Leuten spricht, findet heraus, welchen Wert seine Interessen, Kenntnisse und Erfahrungen für die geplante Karriere haben. Diese frühzeitige Einschätzung hilft Ihnen, Zeit und Mühen zu sparen, die Sie sonst für die Suche nach einem Job eingesetzt hätten, der für Sie vielleicht gar nicht infrage kommt.

Kontakte zu Arbeitnehmern in Ihrem Wunscharbeitsfeld

Recherchieren Sie genau zu Arbeitsfeldern und Unternehmen, bevor Sie sich für eine Initiativbewerbung entscheiden. Gespräche machen umso mehr Sinn, je näher Sie an Personen herankommen, die Ihren Wunschberuf bereits ausüben. Besorgen Sie sich also die Namen von möglichen Ansprechpartnern im Bekanntenkreis oder bei Beratungsstellen. Sobald Sie die Namen haben, rufen Sie die Leute an und bitten sie um ein kurzes Gespräch. Bereiten Sie eine Liste mit den wichtigsten Punkten vor. Wenn Ihnen nichts einfällt, versuchen Sie es mit folgenden Fragen:

- Wie fanden Sie den Einstieg in Ihr Berufsfeld, in diese spezielle Position?
- Was gefällt Ihnen an Ihrem Beruf am besten?
- Was stört Sie am meisten an Ihrer Arbeit?
- Mit wem, der ebenfalls in diesem Bereich arbeitet, sollte ich noch reden?

Sie sollten möglichst direkt und geradezu »hautnah« erfahren, wie sich Ihr Wunschberuf »anfühlt«, um den entsprechenden Berufsalltag etwas besser kennen- und einschätzen zu lernen. Dieser Vorgang lässt sich gut mit dem Kauf eines neuen Kleidungsstückes vergleichen. Wenn Ihnen ein im Schaufenster ausgestelltes Bekleidungsstück gefällt, gehen Sie in das Geschäft und probieren es an, bevor Sie es kaufen, denn was in langer Kleinarbeit mit Hunderten von Stecknadeln kunstvoll auf die Schaufensterpuppe drapiert wurde, mag an Ihnen wie ein Kartoffelsack hängen. Mit Berufen ist das nicht anders.

Mögliche Referenzgeber ansprechen

Überlegen Sie sich, wer positive Aussagen über Sie und Ihre Leistungen machen kann. Sie sollten diese Leute um Unterstützung bitten. Besprechen Sie mit ihnen, welche Auskünfte man über Sie geben wird. Am besten beschränkt man sich in diesen Aussagen auf sachliche Hinweise zu Ihren Leistungen. Das Letzte, was Sie brauchen, sind langatmige, subjektive Rückblicke. Beachten Sie, dass Übertreibungen den Fragesteller veranlassen werden, weiter nachzuforschen.

Wenn Sie Glück haben, fragt Sie Ihr möglicher Referenzgeber: »Welche Auskunft soll ich geben?« Sollte diese Situation eintreten, ist es sinnvoll, die Anforderungen des angestrebten Arbeitsplatzes aufzulisten und zu überlegen, welche Ihrer bisherigen Leistungen einen Bezug dazu haben. Jeder, der Ihre Leistungen auf diese Weise bestätigen kann, ist ein guter Auskunftgeber.

Wenn Sie eine Führungsposition innehatten, sollten Sie als mögliche Kontaktpersonen auch Leute angeben können, die bereits für Sie gearbeitet haben. Diese früheren Mitarbeiter sind in der Lage, Ihre Qualitäten aus einer anderen Perspektive zu schildern.

Übrigens

Wenn Sie die Sympathie und dadurch das Vertrauen Ihres Gegenübers gewinnen, dann werden Ihnen auch Leistungsbereitschaft und Eignung zugetraut. Man mag Sie einfach und vertraut Ihnen. Und das bedeutet dann: Man traut Ihnen den Job auch zu!

⭐ Checkliste: Networking und Kommunikation

○ Trainieren Sie Ihre Kommunikations-, Kontakt- und Beziehungsfähigkeiten, sie sind der Erfolgsschlüssel für die Arbeitswelt.

○ Nutzen Sie alle Kontakte, die Sie bereits haben, ob Verwandte, Bekannte, Freunde, Freunde der Freunde, Exkollegen, Ausbilder oder Vorgesetzte.

○ Ihr Netzwerk sollte verschiedene Hierarchiestufen umfassen. Ein guter Kontakt zur Empfangsdame kann unter Umständen genauso sinnvoll sein wie die Beziehungspflege zum Leiter Controlling.

○ Knüpfen Sie neue Kontakte – immer und überall: Sprechen Sie den Referenten nach einem interessanten Vortrag an, empfehlen Sie sich selbst auf Fachmessen, Tagungen etc.

○ Aktivieren Sie Ihre Kontakte in den klassischen institutionalisierten Netzwerken, z. B. Berufsverbänden, Gewerkschaften, Bürgerinitiativen, Sportvereinen.

○ Lernen Sie von Bekannten, die großartige Networker sind. Betrachten Sie Networking als eine Art Sprache: Wer eine Fremdsprache beherrschen will, lernt am besten von Muttersprachlern.

○ Zeigen Sie Ihren Mitmenschen, dass sie Ihnen wichtig sind. Stellen Sie sicher, dass Ihre Networking-Kontakte nicht das Gefühl bekommen, ausgenutzt zu werden. Melden Sie sich nicht nur, wenn Sie Hilfe brauchen.

○ Überlegen Sie, was Sie wiederum selbst für andere Personen tun können. Womit können Sie Ihrem Netzwerk nutzen?

○ Tragen Sie Informationen über die Personen in Ihrem Netzwerk schriftlich auf Karteikarten oder am PC zusammen. Aktualisieren Sie regelmäßig Ihre Einträge.

○ Überlegen Sie sich, wer positive Aussagen über Sie und Ihre Leistungen machen kann (bei Führungskräften können das auch ehemalige Kollegen sein!). Bitten Sie diese Personen um Kooperation; besprechen Sie vorab, welche Auskünfte über Sie gegeben werden sollten.

So ergreifen Sie die Initiative

Wer träumt nicht davon? Sie liegen auf Ihrer Couch. Der Pizzabote klingelt an der Tür. Im Karton finden Sie nicht nur die bestellte Pizza, sondern auch noch einen Brief vom Personalchef Ihres Traumunternehmens. Auf dem blütenweißen Papier lesen Sie die freundliche Bitte, doch morgen einmal zum Vorstellungsgespräch vorbeizuschauen. Sie brechen in lauten Jubel aus ... und wachen auf!

Denn: Die Realität sieht ganz anders aus.

INFORMIEREN SIE SICH

Gerade wenn Sie sich entschieden haben, sich aktiv um eine Arbeitsstelle zu bemühen, sollten Sie gut über die Situation auf dem Wirtschafts- und Arbeitsmarkt informiert sein. So wissen Sie frühzeitig über Trends Bescheid und können entsprechende Initiativen ergreifen.

Bevor Sie Ihre schriftliche Bewerbung formulieren, sollten Sie sich umfassend über Ihren zukünftigen Arbeitsplatzanbieter informieren. Die wichtigsten Fragen zielen in diese Richtung:

- Um welches Unternehmen, was für einen Arbeitsplatz, welche Aufgabe geht es?
- Wie groß, wie alt ist das Unternehmen?
- Sind Umsatzzahlen bekannt?
- Welche Mitbewerber hat es, und wie steht es da?
- Welchen Ruf genießen das Unternehmen, seine Produkte/Dienstleistungen?
- Was wurde bisher über das Unternehmen berichtet?
- Was gibt es an aktuellen Ereignissen, Entwicklungen, die für dieses Unternehmen relevant sind?

Sie erhalten Auskünfte über ein Unternehmen, wenn Sie sich mit dort beschäftigten Mitarbeitern unterhalten, die auskunftsbereit und -fähig sind.

Außerdem bieten sich das Internet sowie Fachliteratur (z. B. allgemeine und branchenspezifische Nachschlagewerke), die Sie in den größeren Bibliotheken finden, als Recherchemöglichkeit an. Sie können auch die PR-Abteilung eines Unternehmens kontaktieren und Informationsmaterial anfordern.

Informationen online

Immer mehr Unternehmen nutzen nicht nur die Printmedien, um ihre Stellenangebote zu veröffentlichen, sondern vermehrt auch das Internet. Neben vielen nützlichen Informationen bieten Arbeitgeber auf ihrer Internetpräsenz die Möglichkeit an, vakante Stellen abzufragen. Zusätzlich inserieren viele Firmen zu besetzende Stellen in elektronischen Jobbörsen.

Oft besteht sogar die Möglichkeit, sich mithilfe von Onlinebewerbungsunterlagen direkt übers Netz bei der entsprechenden Firma zu bewerben und den Weg über die herkömmliche Post zu sparen.

Über das Internet können Sie auch direkt via E-Mail mit Ihrem potenziellen zukünftigen Arbeitgeber in Kontakt treten. Auf diese Weise können Sie mehr Informationen über ausgeschriebene

Stellen erbitten oder sich auf diesem eher informellen Weg schon einmal mit Ihrem wohlüberlegten Initiativangebot vorstellen (siehe auch Seite 60 »Bewerbung per E-Mail«).

Es gibt sechs Situationen, in denen Sie das Internet für Ihre Bewerbung gezielt nutzen können:

- zur Suche nach Informationen über potenzielle Arbeitgeber,
- zur Suche nach den Stellenangeboten aus Zeitungen,
- zur Suche nach Stellenangeboten auf den Webseiten der Firmen,
- zur Suche auf virtuellen Arbeitsmärkten,
- zur Erstellung und Präsentation eines beruflichen Profils auf speziellen Business-Kontaktbörsen,
- zur elektronischen Kontaktaufnahme.

1. Die Suche nach Informationen über Arbeitgeber

Egal, ob Sie dabei sind, Ihre Bewerbungsmappe zusammenzustellen, oder ob Sie bereits zum Vorstellungsgespräch eingeladen wurden – das Internet bietet hervorragende Informationsmöglichkeiten.

Da Sie sich gezielt als optimaler »Problemlöser« für das Unternehmen profilieren wollen, müssen Sie zunächst wissen, wo denn genau diesen Arbeitgeber der Schuh drückt. Wenn ein Betrieb zum Beispiel dabei ist, neue Modelle der Gruppenarbeit in der Fertigung einzuführen, dann sollten Sie vor dem Zusammenstellen Ihrer Bewerbungsmappe noch einmal einen Blick auf Ihre Unterlagen zum Thema Arbeitswissenschaft werfen. Wenn Sie dagegen aus dem Netz erfahren, dass Ihr potenzieller Arbeitgeber große Projekte mit skandinavischen Firmen abwickelt, stellen Sie Ihr fließendes Norwegisch bei einer Bewerbung besonders in den Vordergrund.

2. Die Suche nach Stellenangeboten in Zeitungen

Beispielsweise finden sich Stellenangebote auf den Webseiten der *Frankfurter Allgemeinen Zeitung*, der *Süddeutschen*, des *Handelsblatts* und der *Zeit*.

Für Sie als Bewerber ist die Suche auf den Internetseiten der Zeitungen vor allem dann von Vorteil, wenn Sie sich in internationalen Publikationen oder mehreren Zeitungen gleichzeitig umsehen wollen. Achten Sie in jedem Fall darauf, wie aktuell die Anzeigen sind! Obwohl das Internet in der Theorie ein hochaktuelles Medium ist,

sind die elektronischen Anzeigen der Zeitungen nicht immer up to date.

Die Internetadressen der jeweiligen Printmedien finden Sie in den Zeitungen selbst, meistens im Impressum. Sie können natürlich auch nach den elektronischen Adressen via Suchmaschine fahnden. Ein weiterer Tipp: Auch Fachzeitungen und -zeitschriften bieten Stelleninserate an. Wenn Sie sich also in der günstigen Situation befinden, schon genau zu wissen, welchen Bereich Sie anstreben, suchen Sie auch in kleineren, möglicherweise hoch speziellen Fachpublikationen.

Webtipps für die überregionale Suche nach Stellenanzeigen

- www.jobs.zeit.de
- www.fazjob.net
- www.stellenmarkt.sueddeutsche.de
- www.tagesspiegel.de
- www.diewelt.de
- www.handelsblatt.de

3. Die Suche nach Stellenangeboten auf den Seiten der Firmen

Die meisten Firmen unterhalten eigene Stellenmärkte. Sie können sich von der Firmenwebseite aus zu den Seiten klicken, auf denen das Unternehmen bekannt gibt, welche Stellen zu besetzen sind.

Diese Jobseiten der Firmen sind in einigen Fällen mit einer Funktion verknüpft, über die sich ein Bewerbungsformular aufrufen lässt. Mit dem entsprechenden Button holen Sie sich das Formular auf den Bildschirm, das Sie wie einen standardisierten Bewerbungsvordruck ausfüllen und via E-Mail zurückschicken.

Seien Sie allerdings gewarnt: Diese automatisierten Onlinebewerbungs- und Auswahlverfahren sind speziell entwickelt worden und berücksichtigen nur personalstrategische Gesichtspunkte (beispielsweise Alter, Bildungsabschlüsse, Studiendauer, Verweildauer an Arbeitsplätzen). So geben viele Firmen z. B. als Auswahlkriterium ein, dass Bewerber die Durchschnittsstudiendauer nicht überschreiten dürfen. Haben Sie also BWL oder Maschinenbau studiert und wegen verschiedener Praktika und Auslandsaufenthalte 14 anstatt nur 9 Semester benötigt, interessiert das den Computer, der Ihre Bewerbung standardisiert auswertet, nicht. Oft werden Sie postwendend informiert, dass man Sie nicht für qualifiziert genug hält. Sind Sie trotzdem an dem ausgeschriebenen Job interessiert, hilft nur eins: Nehmen Sie herkömmliche Mittel und Wege in Anspruch, und greifen Sie zum Telefon. Die Kontaktadressen und Telefonnummern Ihrer Ansprechpartner sind gewöhnlich auf den jeweiligen Internetseiten angegeben, oder Sie finden diese telefonisch heraus.

4. Die Suche auf virtuellen Arbeitsmärkten
Unter zahlreichen Internetadressen veröffentlichen kommerzielle Anbieter Stellenangebote.

Jobbörsen im Internet

Allgemeine Jobbörsen
- www.arbeitsagentur.de
- www.careernet.de
- www.cesar.de
- www.jobinteraktive.de
- www.jobmonitor.de
- www.joboffice.de
- www.jobpilot.de
- www.jobrobot.de
- www.jobs.de
- www.jobscout24.de
- www.jobware.de
- www.monster.de
- www.stellenanzeigen.de
- www.stepstone.de

Jobbörsen für Auszubildende
- www.azubitage.de
- www.aubi-plus.de
- www.ihk-lehrstellenboerse.de

Jobbörsen für Fach- und Führungskräfte
- www.consultants.de
- www.experteer.de
- www.jobware.de
- www.stellenmarkt.de

Zeitarbeitsfirmen
- www.adecco.de
- www.manpower.de
- www.randstad.de
- www.vedior.de

(Weitere Internetadressen von Jobbörsen finden Sie auf der beiliegenden CD-ROM.)

Meist zahlen die Arbeitgeber einen gewissen Betrag, um ihr Angebot dort zu präsentieren. Als Bewerber können Sie in diesen virtuellen »Arbeitsämtern« ein für Sie passendes Angebot suchen. Die Anzeigen verbleiben üblicherweise vier Wochen im Netz. Trotzdem auch hier immer auf die Aktualität achten!

Viele dieser Jobbörsen bieten den Bewerbern gegen eine Gebühr an, ihre Lebensläufe aufzunehmen, sodass Arbeitgeber in Ruhe die Profile der einzelnen Bewerber studieren können.

5. Erstellung und Präsentation eines beruflichen Profils auf speziellen Business-Kontaktbörsen
Business-Kontaktbörsen bieten Ihnen die Möglichkeit, Ihr berufliches Profil im Internet zu präsentieren und gleichzeitig mögliche neue Arbeitgeber oder Firmenvertreter direkt anzusprechen. Diese können sich umgehend Ihren beruflichen Werdegang ansehen und bei Bedarf umfangreichere Bewerbungsunterlagen anfordern.

Der Unterschied zu einer »normalen« Jobbörse liegt in der Sichtbarkeit der Teilnehmerprofile für alle Mitglieder – jeder kann jedes vorhandene Profil aufsuchen und bei Interesse eine Nachricht hinterlassen.

Business-Kontaktbörsen sind eine moderne Form der unkomplizierten Ansprache und des Austausches von untereinander unbekannten Personen. Bisweilen ist die Möglichkeit der Kontaktaufnahme mit einer kostenpflichtigen Mitgliedschaft verbunden.

In Deutschland gibt es seit 2003 mit Xing (früher OpenBC) eine sehr große, international orientierte offene Business-Kontaktbörse, in der Vertreter aus allen denkbaren Branchen zu finden sind. Mehr als zwei Millionen Menschen sind dort registriert, bei Linkedin sind es weltweit etwa zehn Millionen. Hochrangige Bewerber bevorzugen hingegen exklusive Kontaktbörsen, für die es Zugangsbeschränkungen (Alter, Position, Gehalt, Mitgliedschaft nur auf Empfehlung etc.) gibt.

Offene Business-Kontaktbörsen
- www.xing.com
- www.linkedin.com
- www.viadeo.com

Geschlossene Business-Kontaktbörsen
- www.performercircle.com
- www.manager-lounge.com

---

6. Die elektronische Kontaktaufnahme

Sie können zu dem Unternehmen Ihrer Wahl auch elektronischen Kontakt aufnehmen. Auf fast allen Webseiten finden Sie Kontaktbuttons, mit denen Sie eine Mailmaske aufrufen und an den von Ihnen ausgesuchten Ansprechpartner eine Art elektronische Postkarte versenden können.

Sehen Sie das Internet einfach als eine weitere, aber eben nicht ausschließliche Möglichkeit der Kontaktaufnahme an. Falls Sie keine Antwort bekommen, greifen Sie auf die traditionellen Kommunikationsmittel wie Telefon und Brief zurück. Eine Ausnahme bildet wenig überraschend die Computer- und Multimediabranche. Dort wird heutzutage oft die gesamte Kommunikation übers Netz abgewickelt.

Aufgeben ist keine Alternative

Nach der 25. Absage war ich am Boden zerstört. Bis dato hatte ich immer relativ sorgfältig ausgewählt, wo ich mich bewerbe. Grundlage waren die Angebote in den großen IT-Stellenbörsen. Vielleicht auch deshalb waren seit Start meiner Aktivitäten bereits sieben Monate ins Land gegangen. Aber neben meinem täglichen Job auch noch das neue Bewerbungsvorhaben voranzubringen  *war nicht leicht. So sah auch das Ergebnis aus: Nichts außer zurückgesendeten Unterlagen hatte ich in der Hand. Das durfte so nicht weitergehen. Ich nahm mir das Branchentelefonbuch und recherchierte, welche Unternehmen im Umkreis von bis zu 200 Kilometern mit der Bahn einigermaßen gut zu erreichen waren. Dann stellte ich eine Liste der infrage kommenden Unternehmen zusammen und recherchierte über sie im Internet. Daraus filterte ich fünf Unternehmen aus, die ich in eine Rangfolge brachte. Mit dem am wenigsten interessant erscheinenden Unternehmen beschäftigte ich mich zuerst. Ich forschte in der Fachpresse, erkundigte mich bei offiziellen Institutionen, trug einfach alles zusammen, was ich herausfinden konnte, involvierte Dritte, die wiederum andere befragten. So konnte ich einiges vorbereiten, oftmals sogar einen konkreten Ansprechpartner identifizieren, um dann gezielt per Mail und Telefon zu starten. Es klappte nicht beim ersten Mal, aber doch schon beim dritten …*

SO MACHEN SIE WERBUNG IN EIGENER SACHE

Marketing, so unsere Erfahrung, wird nur von den wenigsten Bewerbern betrieben, da hierfür oft das notwendige Bewusstsein fehlt. Dabei ist es für Ihren Erfolg wichtig, dass Sie sich und Ihr Können so positiv wie möglich darstellen – das und nichts anderes bedeutet Marketing.

Viele Menschen glauben, die eigentliche Leistung einer Initiativbewerbung sei: aktiv zu sein, von sich aus an ein Unternehmen heranzutreten, nach einem Arbeitsplatz zu fragen und gegebenenfalls beeindruckende Bewerbungsunterlagen zu verschicken.

Aber das ist ein Irrglaube. Der eigentliche Schlüssel ist nicht etwa die eigenverantwortliche Kontaktaufnahme oder die Konzeption der Unterlagen. Die wirkliche Grundlage und damit die stabile Ausgangsposition ist das Bewusstsein über die eigenen Fähigkeiten, die von besonderem Nutzen für den zukünftigen Arbeitgeber sind. Oder im Marketingjargon: Was können Sie als »Verkäufer« Ihrer Arbeitskraft Ihrem »Kunden« – dem Arbeitgeber – als besondere Dienstleistung anbieten?

Dazu sollten Sie wissen, wie sich die Problemlage bei Ihrem Kunden darstellt, was Sie wollen und wie Sie es durchsetzen können. Wie jeder Mensch haben Sie bestimmte Fähigkeiten, Eigenschaften, Interessen, Neigungen und auch Wünsche. Denken Sie darüber nach; setzen Sie sich intensiv mit sich selbst auseinander.

Bestimmt kommt Ihnen das bekannt vor:
Man bewirbt sich um einen Arbeitsplatz und kommt sich dabei vor wie ein eifriger Bittsteller. Man versucht, einen möglichen Arbeitgeber davon zu überzeugen, der richtige Kandidat für eine bestimmte Position zu sein.

Befreien Sie sich von dem Gefühl, ein Bittsteller zu sein! Erarbeiten Sie sich ein neues (Selbst-)Bewusstsein! Dies ist ein dringend gebrauchter und gesuchter Problemlöser!

Ein klares Ziel, das ist es, was Sie brauchen. Mit solch einem Ziel vor Augen wissen Sie besser, wo es ganz speziell für Sie »langgehen« soll. Je sorgfältiger Sie Ihr Vorgehen planen, desto wahrscheinlicher wird Ihr beruflicher Erfolg.

Sie haben ja hoffentlich bereits für sich die folgenden Fragen beantwortet:

1. Was für ein Mensch bin ich?
2. Was kann ich?
3. Was will ich?

Diese Fragen klingen zunächst einfach, darauf jedoch Antworten zu finden, ist gar nicht so leicht.

Je genauer Sie sich aber selbst kennen, umso besser können Sie Ihrem zukünftigen Arbeitgeber auch erfolgreich mitteilen, warum gerade Sie besonders gut für die zu besetzende Stelle geeignet sind.

So finden Sie über sich heraus, was auch ein Personalchef gerne über Sie erfahren möchte. Damit sind nicht nur berufliche Kenntnisse und Fähigkeiten gemeint, sondern auch persönliche Eigenschaften oder Schlüsselqualifikationen wie z. B. Kontakt-, Kommunikations- und Teamfähigkeit:

- Sind Sie kontaktfreudig?
- Können Sie gut mit anderen zusammenarbeiten?
- Verfügen Sie über Einfühlungsvermögen?
- Haben Sie viele neue Ideen?
- Sind sie zuverlässig?
- Lösen Sie gerne knifflige Probleme? Usw. usw.

Schon beim Schreiben Ihrer Bewerbungsunterlagen können Sie einige Ihrer wichtigsten Eigenschaften zum Ausdruck bringen. Damit erhöhen Sie Ihre Chancen, zu einem Vorstellungsgespräch eingeladen zu werden.

Die AIDA-Erfolgsformel

Sie bewerben sich, betreiben also Werbung in eigener Sache. Da liegt es nahe, dass Sie sich anschauen, welche Grundlagen die Werbung benutzt, um ihre Produkte oder Dienstleistungen an den Mann/die Frau zu bringen.

Denken Sie daran: Immer geht es um den ersten Eindruck, den Sie hinterlassen wollen. Und der muss überzeugen. In der Werbepsychologie gibt es eine Grundformel, die beschreibt, wie Wirkung erzielt werden kann: die AIDA-Formel.

A = *Attention* (Aufmerksamkeit erzeugen)
I = *Interest* (Interesse wecken)
D = *Desire* (Wunsch, Sie im Vorstellungsgespräch kennenzulernen)
A = *Action* (die Handlungsaktivität »Einladen« provozieren)

Machen Sie sich dieses Handlungsmuster bei allen Ihren Bewerbungsschritten zu eigen.

Exkurs: Davon träumen Arbeitgeber

Wenn Sie sich anderen verständlich machen wollen, ist es sinnvoll, dass Sie auch verstehen, welche Anliegen, welche Wünsche und Vorstellungen Ihr Gegenüber hat.

Versetzen Sie sich in die Lage eines potenziellen Arbeitgebers und Sie werden es leichter haben, Ihr eigenes Anliegen erfolgreich durchzusetzen.

Wichtige Fragen bei der Vorbereitung auf eine Bewerbung sind deshalb:

- Worauf achten Arbeitgeber bei der Auswahl neuer Arbeitskräfte?
- Welche persönlichen und beruflichen Anforderungen stellt der Arbeitgeber an seine Angestellten?
- Wovon träumen Arbeitgeber?

Arbeitgebern reicht es nicht, dass Sie bestimmte Fähigkeiten besitzen. Sie wollen auch wissen, wie Sie diese anwenden. Arbeitgeber brauchen Angestellte, die Ergebnisse produzieren: Gewinne, Sicherheit, Kostensenkung, verbesserte Organisation, neue Lösungen. Sie sollten Ihrem Arbeitgeber durch Zielstrebigkeit und Kenntnisse über sein Arbeitsfeld zeigen, was er in Zukunft von Ihnen erwarten kann.

Arbeitgeber legen bei der Auswahl ihrer Mitarbeiter Wert darauf, dass sie sympathisch und kompetent sind und sich besonders engagieren (Stichwort: Leistungsmotivation).

So suchen Arbeitgeber ihre Mitarbeiter aus

Es gibt also durchaus eine Hierarchie der Methoden, mit denen Arbeitgeber vorzugsweise freie Stellen besetzen. Oben steht das beliebteste Verfahren, auf die letzte Möglichkeit wird nur ungern zurückgegriffen.

Ich möchte jemanden einstellen, …

- dessen Arbeitsweise ich kenne (Beförderung eines Angestellten innerhalb des Betriebs; Festanstellung eines bisher freien Mitarbeiters).
- der in mein Büro kommt und mir Arbeitsproben zeigt.
- der mir von einem guten Freund empfohlen wird.
- daher beauftrage ich einen »Headhunter«, um herausragende, nachweislich erfolgreiche Kandidaten zu finden, die zurzeit für andere Unternehmen arbeiten.

- für eine einfache Position, der vorab von anderen für mich »durchleuchtet« worden ist (entweder von einer privaten Arbeitsvermittlung oder der eigenen Personalabteilung).
- und werde mir Bewerbungsunterlagen anschauen, die unaufgefordert! eingegangen sind.
- und suche jemanden über eine Stellenanzeige in einer Zeitung und/oder im Internet.

Diese Fragen stellen sich Arbeitgeber

1. Verfügt der Bewerber über die erforderlichen generellen wie fachlichen Qualifikationsmerkmale (Ausbildung/Berufserfahrung/Knowhow)?
2. Was bewegt den Bewerber? Was sind seine Motive für Arbeitsplatz- und Aufgabenwahl, und ist er motiviert, Außerordentliches zur Verwirklichung von Unternehmens- bzw. Institutionszielen beizutragen?
3. Mobilisiert der Bewerber Sympathiegefühle, kann man sich mit ihm »wohlfühlen«, ihm vertrauen, und passt er zum Team, zum Unternehmen (bzw. zur Institution)? Kurz: Stimmt die persönliche »Chemie«, hat er die richtige Persönlichkeit?

Während Sympathie (wie auch Antipathie) bei einer ersten Begegnung sofort spontan emotional spürbar ist, wird über die Schlüsselmerkmale Leistungsmotivation und Kompetenz erst im Verlauf einer Begegnung geurteilt, da es sich um Merkmale handelt, die sich nicht direkt mitteilen. Und dennoch: Es geht gerade bei der Einschätzung Ihrer Leistung und Ihres Könnens auch um Zutrauen in Ihre Möglichkeiten, und das bedeutet Vertrauen.

Leistungsmotivation und Kompetenz offenbaren sich nicht so schnell wie das zentrale, auf die Persönlichkeit bezogene und auch durch unbewusste Faktoren mitgesteuerte Sympathiegefühl. Aus Bewerbersicht muss es daher Ziel sein, die drei Weichensteller Kompetenz, Leistungsmotivation und Persönlichkeit (KLP) während des gesamten Bewerbungsverfahrens als Signale so »auszustrahlen«, dass sie beim Arbeitgeber »ankommen«.

IHR ÜBERZEUGENDES STELLENGESUCH

Ein eigenes Stellengesuch aufzugeben ist die kürzeste Form der Initiativbewerbung. Anders als bei dem üblichen Vorgehen Stellenangebot lesen/ Bewerbungsmappe schicken oder Onlineformular ausfüllen, treten Sie hier als Jobsucher unaufgefordert in Aktion.

Wer in die Offensive geht und selbst ein Stellengesuch in die Zeitung oder ins Internet setzt, signalisiert vorab bereits Leistungsbereitschaft und Motivation. Umso mehr überrascht es, dass die meisten Stellengesuche eintönig, geradezu langweilig und wenig aussagekräftig formuliert und austauschbar sind. Die Folge: Die Anzeige löst bei den meisten Personalentscheidern eher ein Achselzucken aus als den Wunsch, mit dem Stellensucher Kontakt aufzunehmen.

Wir zeigen Ihnen, wie Sie sich auf wenigen Zentimetern Platz wirkungsvoll präsentieren können.

Bestimmt haben Sie nicht ausgerechnet eine Position als graue Maus ins Auge gefasst. Deshalb sollte Ihr Stellengesuch zwei Bedingungen erfüllen:

1. Die Überschrift muss ihren Leser beim Überfliegen der Zeitungsseite anziehen, fesseln und neugierig machen.
2. Der gesamte Text muss eine hohe Zahl von relevanten Informationen transportieren und damit den Leser für Sie erobern und gewinnen.

Schön und gut, werden Sie jetzt sagen, aber: Wie geht das?

Das Prinzip »Werbespot«

Studieren Sie zu Ihrer Anregung einmal die entsprechenden Rubriken in Tages- und Wochenzeitungen sowie Fachzeitschriften, aber auch das Internet mit seinen Stellenmärkten. Hier gilt das

Prinzip »Werbespot«. Ausgangspunkt und Basis der Gestaltung eines erfolgreichen Stellengesuchs sind die Fragen, auf die Sie sich selbst in der Vorbereitung schon Antworten gegeben haben.

- Wer bin ich? Was kann ich? Was will ich?
- Aber auch: Was biete ich im Sinne von KLP an?
- Und wie texte ich das unter Berücksichtigung der AIDA-Formel und der Orientierung: Kommunikationsziel, Botschaft, Argumentation?

Nun sollten Sie kurz und prägnant dazu Auskunft geben.

So entwerfen Sie ein wirkungsvolles Stellengesuch

Wer jetzt bereits Papier und Stift zur Hand genommen hat und auf die ersten Formulierungshilfen wartet, wird enttäuscht sein. Auch das Formulieren eines Stellengesuchs muss gründlich vorbereitet werden.

Schritt 1: Suchen Sie ein geeignetes Medium

Zunächst einmal gehen Sie auf die Suche nach einer geeigneten Zeitung, einem geeigneten Magazin für Ihre Anzeige. Etwas vereinfacht gesagt gilt: Volks- und Betriebswirte, die sich überregional bewerben, wählen das *Handelsblatt* oder die *Financial Times Deutschland*, Ingenieure die *VDI-Nachrichten*, Mediziner und Geisteswissenschaftler *Die Zeit*. Wer sich nur lokal umsehen möchte, ist (vor allem in den Wochenendausgaben) in einer der großen regionalen Zeitungen gut aufgehoben: *Berliner Morgenpost*, *Kölner Stadtanzeiger*, *Stuttgarter Zeitung*, *Hannoversche Allgemeine*, *Leipziger Volkszeitung* usw. Außerdem ist für den gesamten süddeutschen Raum die *Süddeutsche Zeitung* zuständig. Denken Sie aber auch global und damit an die Wochenendausgaben der vier führenden überregionalen Tageszeitungen: *Frankfurter Allgemeine Zeitung*, *Die Welt*, *Tagesspiegel* und *Frankfurter Rundschau*.

Auf eine ganz bestimmte Branche festgelegte Kandidaten inserieren am besten in einem speziellen Fachmagazin, da dort die »Streuverluste« geringer ausfallen. In der Werbebranche beispielsweise gilt *Werben & Verkaufen* als Pflichtlektüre, für Rechtsanwälte die *Neue Juristische Wochenschrift*. Wenn Sie nicht wissen, welcher Fachtitel geeignet ist, erkundigen Sie sich bei einem Fachmann oder einer Fachfrau aus der Branche, oder sehen Sie sich in einer Bibliothek um.

Ebenso machen Sie es im Internet. Auf der beigefügten CD-ROM finden Sie dazu ein Extrakapitel.

Schritt 2: Nehmen Sie Stellengesuche wie -angebote im ausgewählten Medium gründlich unter die Lupe und lernen Sie aus diesen

Zunächst einmal gilt es, zu recherchieren, wer von der Seite der Arbeitsplatzanbieter auf klassische Weise per Anzeige gesucht wird. Aus den darin sichtbar werdenden Anforderungsprofilen lässt sich für Sie und Ihr Vorhaben viel lernen.

Dann untersuchen Sie sorgfältig das Umfeld für Ihr künftiges Stellengesuch. Dazu schauen Sie sich auch die Anzeigen anderer Jobsuchender genau an. Beurteilen Sie die einzelnen Stellengesuche nach folgenden Kriterien:

- Was gefällt Ihnen spontan an der Anzeige? Was nicht?
- Wird klar gesagt, was der Jobsucher zu bieten hat und was seine wichtigsten Qualifikationen sind?
- Geht aus dem Text eindeutig hervor, was der Inserent sucht?
- Werden Allgemeinplätze und Selbstverständlichkeiten vermieden?
- Ist die Anzeige insgesamt wirklich aussagekräftig?
- Würden Sie sich als Personalchef angesprochen fühlen?

Wenn Sie diese Fragen für jede der Anzeigen kurz beantworten, haben Sie schon eine Menge über Stellengesuche (sowohl für Print- als auch für IT-Medien) gelernt. Außerdem finden Sie auf diese Weise heraus, welche Fehler Sie bei Ihrer Anzeige vermeiden müssen, um sich positiv von Mitbewerbern abzuheben.

Schritt 3: Formulieren Sie einen Text mit konzentriertem Informationsgehalt

Bevor Sie mit dem Texten beginnen, sollten Sie die folgenden drei Fragen beantworten:

- Was ist Ihr Kommunikationsziel?
- Welche Botschaften wollen Sie vermitteln?
- Mit welchen Argumenten möchten Sie überzeugen?

Den Königsweg der Formulierung gibt es natürlich nicht. Ihr Text sollte Ihrem Angebot und Ihrem Zielobjekt angemessen erscheinen. Er muss gleichzeitig »wahr« und hochinformativ sein. Ihr Stellengesuch wird man ähnlich wie ein Arbeitszeugnis lesen: sehr gründlich und zwischen den Zeilen. Beispiel: Wer lediglich angibt, Volkswirtschaft studiert zu haben, läuft Gefahr, für einen Studienabbrecher gehalten zu werden. Die korrekte Formulierung heißt: Diplom-Volkswirt.

Ihr Text sollte enthalten:

- Ihre wichtigsten fachlichen Qualifikationen
- Ihre beruflichen Schwerpunkte
- Ihre Erfolge
- eine präzise Angabe, was Sie suchen
- Ihr Alter und Geschlecht
- eine Angabe zu Ihrer Mobilität

Geben Sie eventuell an, ob Sie sich in ungekündigter Stellung befinden oder warum Sie sich verändern möchten.

Der Dreierschritt bei der Planung mit Kommunikationsziel, Botschaften und Argumenten ist ein hilfreicher Leitfaden aus der Werbepsychologie mit ihrer klassischen AIDA-Formel – *attention, interest, desire, action = Aufmerksamkeit, Interesse, Nachfrage wecken und den Handlungsimpuls »Kontaktaufnahme« auslösen* (siehe Seite 40).

Für alle Formulierungen gilt: Seien Sie immer klar und verständlich, und wiederholen Sie nicht im Text, was bereits in der Überschrift steht.

Erwähnen Sie nichts, was ohnehin vorausgesetzt wird, wie »zuverlässig« oder »korrekt«. Sprechen Sie nicht von »neuen Wirkungskreisen« oder von »interessanten Aufgaben«. Niemand kann sich unter solchen abgedroschenen Phrasen etwas vorstellen.

Alle Aussagen in Ihrem Stellengesuch müssen möglichst spezifisch und präzise sein.

Machen Sie eine klare Angabe zu der Position, die Sie suchen – auch wenn Sie für verschiedene Angebote offen sind. Wer nicht genau weiß, was er eigentlich sucht, wird von den meisten Personalentscheidern nicht ernst genommen. Überlassen Sie es den Lesern, Ihnen möglicherweise auch ein Angebot zu machen, das etwas von Ihrem Beruf abweicht.

Schritt 4: Formulieren Sie eine Überschrift
Die Überschrift ist der prominenteste Ort Ihrer Anzeige. Denken Sie daher bei der Formulierung nicht so sehr daran, was Sie suchen, sondern welche Qualifikationen Sie anbieten. Nur wenn die Überschrift das Interesse eines Arbeitgebers weckt, wird er den übrigen Text überhaupt lesen. Gehen Sie also mit Ihren neu gewonnenen Erkenntnissen aus den Schritten 2 und 3 an die Formulierung Ihrer persönlichen »Werbebotschaft«. Da Sie sich von der breiten Masse ab-

heben wollen, müssen Sie spezifisch formulieren, zum Beispiel:

- **Sekretärin**
  Schwerpunkt Büro-Organisation

- **Grafikdesigner/Layouter**
  langjährige Erfahrungen im Buchsatz

- **Soziologin**
  mit Praktika im Personalwesen

- **Vertriebsfachmann**
  Anlagen- u. Maschinenbau,
  Auslandserfahrung (Fernost)

- **Elektriker**
  Steuerungs- und Sicherheitstechnik

- **Marketing-Berater (Dipl.)**
  Schwerpunkt Automobilbranche

- **Betriebswirtin 30 J.**
  mit Banklehre

Wie Sie sehen, muss es in der Überschrift gelingen, sich von anderen Inserenten abzusetzen, damit der Leser genau bei Ihrer Anzeige »hängen bleibt«. Aber bitte keine unseriösen Übertreibungen, wie Super-Nachwuchsmanager oder Vollprofi. Wenn Sie mit solchen und anderen wichtigtuerischen Formulierungen werben, nimmt Sie niemand ernst.

Stöbern Sie stattdessen in Ihrem »Erfahrungshaushalt«, und fördern Sie etwas zutage, das für Ihren potenziellen Arbeitgeber von Bedeutung ist. Falls Sie Berufsanfänger sind, werden Sie naturgemäß noch nicht über umfangreiche Erfahrungen verfügen. In dem Fall müssen Sie auf Praktika oder nebenberufliche Tätigkeiten zurückgreifen. Wer an einer besonders renommierten Uni einen überdurchschnittlich guten Abschluss gemacht hat, darf auch damit punkten, zum Beispiel: *Uni Heidelberg, SS '10, sehr gut.* Machen Sie durch zusätzliche Qualifikationen auf sich aufmerksam – z. B. Sprachkenntnisse oder Auslandsaufenthalte.

In jedem Fall muss die Überschrift grafisch vom Rest abgesetzt sein (Fettdruck/größerer Schriftgrad). Am eigenen PC kann man leicht verschiedene grafische Möglichkeiten ausprobieren, um deren Wirkung zu testen.

Vermeiden Sie Abkürzungen
Die allgemein üblichen können Sie natürlich benutzen: *w.* für weiblich, *m.* für männlich (falls das

Geschlecht nicht schon aus der Überschrift hervorgeht), *J.* für Jahre bei der Altersangabe, *Dipl.* für Diplom und *M.A.* für Magister Artium. Andere Abkürzungen machen den Text schlecht lesbar und unverständlich.

Vermeiden Sie den Ausdruck »arbeitslos« in Ihrem Stellengesuch

Eigentlich ist es ja heute selbstverständlich, dass Arbeitslosigkeit kein Hinweis auf mangelnde Qualifikation oder fehlende Leistungsbereitschaft ist. Trotzdem sollten Sie den Ausdruck »arbeitslos« in Ihrem Stellengesuch vermeiden. Wenn man Sie bei der Kontaktaufnahme danach fragt, geben Sie an, dass Sie sich weiterbilden, freiberuflich tätig sind oder Ähnliches. Ebenso sind Angaben wie »suche dringend« oder »zum baldmöglichsten Termin« zu vermeiden. Sie wollen doch nicht von vornherein Probleme bei der Arbeitsplatzsuche signalisieren.

Schritt 5: Versetzen Sie sich in die Lage eines Personalleiters, der morgens beim Frühstück die Stellengesuche überfliegt

Nehmen Sie nun noch einmal die Perspektive Ihrer Zielgruppe ein (Chefs, Personalverantwortliche, Abteilungsleiter). Dieser Personenkreis hat kaum Zeit und wenig Geduld, sich mit nichtssagenden Stellengesuchen auseinanderzusetzen. Wenn der Leser ausgerechnet an Ihrer Anzeige hängen bleiben soll, dann müssen Sie bei der Formulierung von Überschrift und Text diese anspruchsvolle Zielgruppe genau im Auge behalten. Prüfen Sie immer wieder: Wird meine Wortwahl einen Personalentscheider dazu bringen, mit mir Kontakt aufzunehmen?

Schritt 6: Zum Schluss

Die meisten Stellengesuche werden unter Chiffre aufgesetzt, um die Anonymität zu wahren (z. B. wegen noch bestehender Arbeitsverträge). Vielleicht ist das in Ihrem Fall gar nicht notwendig. Prüfen Sie kritisch, und geben Sie gegebenenfalls Ihre Adresse an (inklusive Telefonnummer und E-Mail-Adresse). Denken Sie daran: Sie müssen es dem Personalleiter so leicht und angenehm wie möglich machen, sich mit Ihnen in Verbindung zu setzen. Wenn der Personalchef spontan entscheidet, dass sich eine Kontaktaufnahme lohnt, wird er eher zum Telefon greifen oder eine E-Mail versenden, als seine Sekretärin damit zu beauftragen, Ihnen in den nächsten Tagen unter Chiffre eine Nachricht zukommen zu lassen.

Die äußeren Bedingungen

Nicht nur der Inhalt, sondern auch Zeitpunkt, Auswahl, Platzierung und Größe Ihres Stellengesuchs sind wichtige Faktoren, die bedacht werden müssen.

Wann? – Der Zeitpunkt

Neben dem gut formulierten Text kommt es bei Stellengesuchen auf den richtigen Zeitpunkt an – einmal von Ihnen aus betrachtet (also nicht gerade bevor Sie für sechs Wochen in Urlaub fahren) sowie aus der Sicht des potenziellen Arbeitgebers (im April sollten Sie sich nicht als Weihnachtsmann bewerben, aber im November käme Ihr Stellengesuch schon fast zu spät).

Wo? – Das Medium

Natürlich spielt auch die Auswahl des richtigen Mediums für Ihr Stellengesuch eine wichtige Rolle. Wenn Sie als Archäologe Ihren Wohnort Düsseldorf nicht verlassen wollen, sollten Sie nicht ausgerechnet in der *Frankfurter Rundschau* inserieren.

Wie? – Größe und Gestaltung

Ein zu kleines Stellengesuch signalisiert ebenso wie ein zu großes: Hier ist etwas nicht in Ordnung! Der Inserent unter- oder überschätzt sich! Wenn Sie sich ausführlich mit den Stellengesuchen der anderen Inserenten befasst haben, können Sie inzwischen einschätzen, welche Größe für Sie infrage kommt.

Eine Verkäuferin, die mit einer Viertelseite für sich wirbt, würde nicht nur viel Geld investieren (ab 3.000 Euro aufwärts), sondern auch Befremden auslösen. Dagegen dürfte ein Manager, der ein Jahresgehalt von 60.000 Euro und mehr anstrebt, mit einer einspaltigen 20-mm-Kleinanzeige im Lokalanzeiger (für weniger als 100 Euro) allenfalls einen Heiterkeitserfolg ernten.

Am wichtigsten ist eine gute Schlagzeile, für die Sie etwa den Raum von zwei Zeilen einrechnen sollten. Ein Rahmen kann optisch sinnvoll sein, darf aber die Anzeige auf keinen Fall gedrängt aussehen lassen.

Besprechen Sie mit der Anzeigenredaktion, welche zusätzlichen grafischen Gestaltungsmöglichkeiten zur Verfügung stehen. Ein doppelter Rahmen, ein fetter rechter Seitenrand, ein Raster mit Texthintergrund (z. B. in Gestalt eines Pfeils) sind wirkungsvolle optische »Hingucker« (siehe Beispiele auf Seite 46 und 47).

Kosten

Als Faustregel gilt: in einer überregionalen Zeitung etwa 2 Prozent Ihres anvisierten Jahresgehalts, regional etwas mehr als 0,5 bis 1 Prozent.

- **Beispiel *FAZ* (mittwochs, nicht Wochenende!):** zweispaltig, 43 mm hoch, gibt Platz für eine fett gedruckte Überschrift plus maximal 10 Zeilen à 70 Anschläge und kostet etwa 350 Euro inklusive Chiffre.

- **Beispiel *Die Zeit:*** Eine Anzeige, 30 mm hoch, zweispaltig, gibt Ihnen Platz für 10 Zeilen à 70 Anschläge, davon 1 Zeile Schlagzeile, 2 Zeilen und einige Anschläge Rand und 1 Zeile Chiffre. Kosten: etwa 200 Euro inklusive Chiffregebühr und MwSt. Preiswerter wird es bei 20 mm, zweispaltig, ebenfalls inklusive, für 150 Euro.

Bei Fragen zu Zeitpunkt und Kosten der Anzeige können Sie sich an die Anzeigenberater der Zeitungen wenden. Viele große Zeitungen bieten auch die Möglichkeit an, dass Sie Ihre Anzeige per Internet selbst gestalten und aufgeben.

Und zum Schluss

Ein eigenes Stellengesuch lässt sich nicht in zwanzig Minuten texten. Planen Sie lieber einen ganzen Nachmittag dafür ein. Lassen Sie den Entwurf über Nacht liegen, und sehen Sie ihn am nächsten Morgen noch einmal in Ruhe an. Hält er Ihrem kritischen Blick immer noch stand? Legen Sie Ihre Anzeige auch zusätzlich einer von Ihnen ausgewählten »Personalkommission« zur Beurteilung vor.

Wenn Ihnen diese Prozedur zu anstrengend ist, können Sie sich auch an einen professionellen Karriereberater oder an die Arbeitsagentur wenden. Hier stehen Ihnen erfahrene Fachkräfte mit Rat und Tat zur Seite.

Sobald Ihre Anzeige erscheint, muss Ihre Bewerbungsmappe (Lebenslauf, Zeugniskopien etc.) fertig sein. Nur so können Sie auf die hoffentlich zahlreich eingehenden Angebote schnell reagieren.

⭐ Checkliste: Stellengesuch

- ◯ Suchen Sie ein geeignetes Medium.
- ◯ Nehmen Sie die Stellengesuche und -angebote im ausgewählten Medium gründlich unter die Lupe!
- ◯ Formulieren Sie einen Text mit dichtem Informationsgehalt.
- ◯ Finden Sie eine packende Überschrift – eine überzeugende Werbebotschaft!
- ◯ Versetzen Sie sich in die Lage eines Personalleiters, der Stellengesuche meist nur überfliegt.
- ◯ Haben Sie Geduld. Bis zu drei Versuche sollten Sie sich schon gönnen.

Bitte nicht so! – Nicht gelungene Beispiele

> **Industriekaufmann**
> 27 J., Schwerp. Vertrieb, Bundeswehr abgeleistet, wg. Firmenkonkurs suche ich neue verantwortungsvolle Tätigkeit.
> Raum H., Zuschr. u. XP 45454

Zu viele Abkürzungen und auch inhaltlich wenig ansprechende Informationen.

> **Hilfe, ich suche**
> eine neue C H A N C E
> Allroundkraft für alle Fälle, 47 J.
> verh., FS Kl. 3, T: 069 54321

Ein Hilferuf gehört einfach nicht in ein Stellengesuch. Unseriös!

> Dipl.-Ing. (TH)
> **Spezialist für Holztechnik**
> 31 J., Schreinerlehre, Studium RO, aktuell in Fensterbauunternehmen tätig, sucht zum 1.9.10 oder früher neue, echt zufriedenstellende Herausforderung. Raum/PLZ 75-83000. Chiffre AT 341

An sich gar nicht so schlecht – bis auf die Formulierung »... echt zufriedenstellende ...«

> **Servicetechniker**
> sucht neuen Wirkungskreis
> 42 J., langjährige Erfahrung im Bereich Technik, Service und Kommunikation, flexibel, Führerschein Kl. 3, sofort verfügbar.
> # OS 3241

Zu unspezifisch und devot!

Stellengesuche – Beispiele und Kommentare

Beispiele guter Stellengesuche

---

25 Jahre Berufserfahrung im Bereich
Tankstellentechnik, IT-Technik
Servicetechniker (Elektrotechnik)
(Windows-Produkte) und Elektrotechnik
(zurzeit als Applications Berater
für Axapta 2.5 und 3.0 tätig) möchte Ihr
Kundendienstteam unterstützen.
Tel: 04321 223452, AB oder nach 17 h,
E-Mail: servicetechniker@web.de

Auffällige Gestaltung und konkrete informative
Aussagen! Gut: die Zeitangabe.

Hinweis: *Kontaktangaben* stehen in der nächsten
Anzeige für die Telefonnummer, E-Mail- oder
Chiffreadresse.

Parkettleger, 42 J., **Betriebswirt
des Handwerks, Verkaufsleiter, öffentl.
bestellter u. vereidigter Sachverständiger,
langjährige Objekterfahrung,** sucht kauf-
männisch-technische Tätigkeit, Akquise,
Beratung, Planung und Abwicklung.
Kontaktangaben

Grafisch gut gestaltete Anzeige, die sofort
auffällt und inhaltlich den Kandidaten
angemessen interessant – er hat wirklich
viel zu bieten! – vermittelt.

Leiterin einer Großküche
36 J., gelernte Diätassistentin, seit
2 Jahren Leitung einer Großküche
(Budgetkontrolle, Koordinierung Einkauf,
Kalkulation, Personalführung, Erstellung
des gastronomischen Angebots) sucht
gleichwertige Tätigkeit im Raum München.
Kontaktangaben

Aussagekräftige Anzeige mit guter Auflistung der
einzelnen Arbeitsbereiche!

Heilerziehungspflegerin
(Integrationspädagogik)
35 J., Ausbildung als Krankenpflegehelferin, langjährige
Erfahrung im Bereich Förderschule, Tagesfördergruppen
und Grundschule, sucht Tätigkeit in betreuter Werkstatt,
Wohnheim oder Kinderheim, bevorzugt in Süddeutsch-
land. Kontaktangaben

Gut getextete und layoutete Anzeige mit
ordentlichem Informationsgehalt.

Dipl.-Soziologe (37 J)
und freier Mitarbeiter
im Hörfunk
hat zahlreiche politische Reportagen
veröffentlicht, Schwerpunkt
Innen- und Sicherheitspolitik, sucht
Anstellung im Verlag mit politi-
schem/soziologischem/historischem
Programm, Englisch und
Spanisch fließend. Kontaktangaben

Hier versucht der Inserent, durch seine Mitarbeit
im Hörfunk Interesse bei ähnlichen Arbeitgebern
zu wecken. Auch so kann es funktionieren …

Arzt mit fundierten Kenntnissen
in Betriebswirtschaft 29 J.
Zusatzqualifikation Krankenhaus-
Management (Verwaltungshochschule),
sucht Position in der Krankenhaus-
Verwaltung. Praktikum im Gesundheitsamt.
Englisch-/Französisch-Kenntnisse,
nicht ortsgebunden.
Kontaktangaben

Hier ein weiterer Aufmerksamkeits-Erweckungs-
versuch. Durch die eher außergewöhnliche
Kombination der Fähigkeiten wird Spannung
aufgebaut und Interesse geweckt. Gut ist hier
der Hinweis auf die Ortsungebundenheit und
Sprachkenntnisse.

Pädagoge mit Praktika im Personalwesen

zweier großer Unternehmen (über 10.000 Mitarbeiter), 26 J., Schwerpunkt Weiterbildungs-
planung, möchte Einstiegsposition im
Personalwesen übernehmen. Französisch
und Arabisch fließend, In- und Ausland.

Kontaktangaben

Außergewöhnliche Gestaltung durch
Rechtsbündigkeit. Fällt schnell ins Auge!
Klare Ansagen!

Ich kann nachweislich

Biotechnik

Vertriebsprofi, Marketing-Spezialist,
Dipl.-Ing. (39) sucht neue Aufgaben
im Bereich Geschäftsführung,
Niederlassungsleitung oder
Profit-Center, vorzugsweise
im Raum 53000,
Kontaktangaben

erfolgreich vermarkten

Der Inserent kann sich durch das Hervorheben
seiner Stärken und seines Spezialgebietes
optimal präsentieren. Auch der ungewöhnliche
Aufbau sorgt für Aufmerksamkeit.

Meine Stärke:
selbstständige Korrespondenz

Kompetente, absolut zuverlässige

Chefsekretärin,
Office-Managerin

25 Jahre Berufserfahrung i. d. Baubran-
che, Alleinkraft, verantwortungsbewusst,
flexibel, stressresistent, sehr gute
PC-Kenntnisse, frei ab 1.9., sucht ver-
gleichbare Position im Raum PLZ 5-60000

Kontaktangaben

Diese Inserentin stellt zunächst einmal ihre
besonderen Stärken dem eigentlichen Text
voran. Damit sorgt Ihr Inserat für Aufmerksamkeit und hebt sich wohltuend von dem üblichen
Aufbau anderer Gesuche ab. Alle wichtigen
Informationen hat sie aufgeführt.

Gerne auf Zeit

Projektmanagerin
Geschäftsführung/Verlag

Dipl.-Kauffrau (52, w.) langjährige Führungser-
fahrung. Schwerpunkt Controlling / Rechnungs-
wesen, nachweislich erfolgreiches Finanzmana-
gement – auch in schwierigen Situationen.
Kontaktangaben

Alles Wissenswerte ist in dieser Anzeige zu finden – in Anbetracht der angestrebten Position
hätte das Gesuch etwas größer ausfallen können
bzw. sogar müssen. Sehr gut die Doppelüber-
schrift mit dem Hinweis, auch eine zeitlich befris-
tete Beschäftigung zu akzeptieren. Damit erhöht
die Stellensuchende ihre Chancen.

Suche Festanstellung (Teilzeit) oder freie Mitarbeit!

DTP-Fachkraft

28 J., gelernte Druckvorlagenherstellerin,
langjährige Berufserfahrung im Bereich
EBV und DTP (Photoshop, FreeHand,
QuarkXpress), selbstständiges Arbeiten gewohnt,
teamfähig und flexibel. Kontaktangaben

Ordentlich und informativ getextet!

Stellengesuche – Beispiele und Kommentare

RICHTIG VERBUNDEN – IHRE BEWERBUNG PER TELEFON

Wenn Sie Ihren Wunscharbeitsplatz schnell erobern wollen, müssen Sie lernen, Ihre Ziele am Telefon durchzusetzen. Die meisten Bewerber verlassen sich ausschließlich darauf, dass ihre schriftlichen Dokumente für sie sprechen. Aber gerade in der heutigen Zeit ist das nicht ausreichend.

Obwohl Informationen eigentlich am schnellsten und leichtesten über das Telefon weiterzugeben sind, haben viele Bewerber erstaunliche Hemmungen, ihre potenziellen Arbeitgeber anzurufen. Viele fürchten, nicht die richtigen Worte zu finden oder einen schlechten Eindruck zu hinterlassen. Dabei liegen die Vorteile eines Telefonats klar auf der Hand: Durch einen Anruf kann man sich bereits in der allerersten Bewerbungsphase positiv von anderen Kandidaten abheben, bevor die Bewerbungsunterlagen bewertet werden. Die meisten Unternehmen suchen kontaktfreudige und kommunikative Mitarbeiter. Ein gut vorbereitetes Telefongespräch ist die beste Möglichkeit, die eigene Kommunikationsfähigkeit (Stichwort: soziale Kompetenz) unter Beweis zu stellen. Hier können Sie als Kandidat Interesse wecken und einen ersten positiven Eindruck hinterlassen (»Na, der/die klang aber sympathisch!«).

Überlassen Sie nichts dem Zufall

In großen Unternehmen treffen häufig Bewerbungsbriefe ein – Ihre Chancen, zu einem Vorstellungsgespräch eingeladen zu werden, steigen, wenn Sie sich vor oder kurz nach dem Versenden Ihrer Unterlagen telefonisch melden. Verbessern Sie Ihre Chancen, indem Sie erlernen, wie Sie erfolgreich telefonieren. Die richtige Taktik vorausgesetzt, können Sie beinahe jede Führungskraft oder jeden Personalentscheider telefonisch erreichen. Diese Fähigkeiten werden Ihnen natürlich nicht nur in der Bewerbungsphase, sondern während Ihrer gesamten Karriere helfen.

Wie man das Telefon am wirkungsvollsten für eigene Bewerbungszwecke nutzt, können wir hier natürlich nur schriftlich darstellen. Die praktische Erfahrung am und mit dem Telefon ersetzen kann das aber nicht – Sie müssen also üben.

So nutzen Sie das Telefon

Das Telefon eignet sich hervorragend, um Ihre Initiativbewerbung voranzubringen. Sie können Informationen sammeln, Kontakt aufnehmen und halten.

Informationen sammeln

Sie haben sich für die Bewerbung bei einem bestimmten Unternehmen entschieden. Nun geht es darum, möglichst viele Informationen über den Betrieb zu sammeln. Denn so können Sie sich als optimaler Problemlöser für genau diese Firma präsentieren. Beginnen Sie Ihre Recherche in der Telefonzentrale. Oft wird man Sie von dort in die Öffentlichkeitsabteilung weiterverbinden. Lassen Sie sich ein Profil, eine Pressemappe oder ähnliche Unterlagen zusenden. Bei großen Unternehmen gibt es außerdem Broschüren und Mitarbeiterzeitungen für einzelne Geschäftsbereiche (denken Sie in diesem Zusammenhang auch an die Recherchemöglichkeit, die das Internet bietet; vgl. Seite 36 »Informationen online«).

Kontaktaufnahme

Bevor Sie Ihre Bewerbungsunterlagen einsenden, rufen Sie den Entscheidungsträger an. Dazu müssen Sie natürlich gut vorbereitet sein!

Wenn Sie sich telefonisch initiativ bewerben, sollten Sie als Erstes fragen, ob Ihr Gesprächspartner (auch Zielperson genannt) in diesem Augenblick gerade Zeit für Sie hat:

> *»Herr Thamm, da Ihr Unternehmen plant, die Fertigungsanlagen auszubauen, würde ich mich gerne als Vermessungstechniker bewerben. Haben Sie fünf Minuten Zeit für mich, oder passt es Ihnen besser, wenn ich Sie morgen Vormittag wieder anrufe, sagen wir, gegen zehn Uhr?«*

Schlagen Sie unbedingt eine konkrete alternative Anrufzeit vor, und verabreden Sie möglichst einen festen Termin:

> *»Gut, dann rufe ich Sie morgen um zehn Uhr noch einmal an. Ich freue mich, wenn Sie dann ein paar Minuten Zeit haben.«*

Nach einem Telefongespräch fällt es Ihnen auch leichter, den ersten Satz im Anschreiben (siehe Seite 81 ff.) an Ihren Gesprächspartner zu formulieren. Der kann dann ungefähr so lauten: »Vielen Dank für das informative Telefonat vom 1. August. Das Gespräch hat mich darin bestärkt, mich bei Ihnen um eine Stelle als Fachverkäuferin zu bewerben ...«

Auch wenn es Ihnen nicht gelingt, mit dem Entscheidungsträger/Geschäftsführer/Personalchef persönlich zu sprechen, und Sie (nur) mit seinem Referenten oder der Sekretärin telefoniert haben, empfehlen wir Ihnen, im Einleitungssatz Ihres Bewerbungsanschreibens darauf hinzuweisen: »Nach einem Telefonat mit Ihrem Mitarbeiter, Herrn X/Ihrer Sekretärin, Frau Y …« Höchstwahrscheinlich wird sich der Adressat in einem solchen Fall bei Herrn X bzw. Frau Y über den Anrufer erkundigen, um sich den persönlichen Eindruck schildern zu lassen.

Es geht hier um Werbung in eigener Sache. Ziel dieser ersten telefonischen Kontaktaufnahme ist es, Interesse zu wecken und den Personalentscheider neugierig auf Ihre Bewerbungsunterlagen zu machen. Im besten Fall wirkt Ihr Telefongespräch wie ein gut gemachter Trailer im Kino oder im Fernsehen, der in kürzester Form Werbung für einen neuen Film macht. Vielleicht schaffen Sie es, bereits während des Telefonats persönliche Sympathie bei Ihrem Gesprächspartner zu mobilisieren. Das gelingt beispielsweise, wenn man überraschend auf Gemeinsamkeiten stößt (»Ach, Sie haben auch in Marburg studiert« oder »Ich war auch ein Jahr in England«). Übertreiben Sie aber nicht, indem Sie zu vertraulich werden.

Vorsicht vor unerwarteten Anrufen

Auch Personalchefs greifen während der Bewerberauslese zum Telefon. Sie rufen ohne Vorwarnung bei den Kandidaten an und verschaffen sich auf diese Weise Zugang zu deren Privatsphäre. Wie reagiert der Bewerber auf diese unerwartete Situation? Mit wem lebt er zusammen? Wie ist sein privates Umfeld? Manche Personalleiter ziehen daraus Schlüsse und entscheiden so, bei wem es sich lohnt, ihn zum Vorstellungsgespräch einzuladen.

Die Person, die anruft, ist immer im Vorteil. Sie hat sich auf das Gespräch vorbereitet, während Sie wahrscheinlich nicht einmal Ihre Unterlagen vor sich liegen haben. Was können Sie also tun? Eine klassische Lösung:

»Guten Tag, Herr Wolf. Ich verabschiede gerade meinen Besuch. Kann ich Sie gleich zurückrufen?« (Vergessen Sie nicht, nach der Durchwahlnummer zu fragen, bevor Sie auflegen.) Nun haben Sie ein paar Minuten Zeit, einen Blick in Ihre Notizen zu werfen und sich innerlich auf das Gespräch einzustellen.

Ein Vor-Vorstellungsgespräch am Telefon kann leicht als Prüfungssituation empfunden werden und entsprechende Ängste hervorrufen. Versu-

Können Sie gleich?

Ich hatte mich schon über eine Woche gequält, täglich bis zu sechs Stunden Recherche – erst bei mir selbst in der Erforschung meiner Potenziale, dann am Arbeitsmarkt –, daraufhin Unterlagen erstellt, mal so und mal ganz anders, um mich dann wieder möglichen Arbeitsaufgaben und Anbietern zu widmen. Dabei stieß ich auf viel wohlwollendes Interesse, jedoch leider immer zum falschen Zeitpunkt. Entweder hatte man gerade kurz zuvor neu besetzt oder musste erst mal ein paar faule Mitarbeiter loswerden, immer war es der falsche Moment. Ganz entnervt versuchte ich es jetzt verstärkt mit der Telefonakquise. Und nach einem halben Tag sah meine Ausbeute gar nicht schlecht aus. Zwei Termine mit Personalern waren ein durchaus beglückender Start. Aber dann am frühen Nachmittag desselben Tages bekam ich auf den immer besser klingenden Vortrag am Telefon eine erstaunliche Frage gestellt. Ob ich denn auch sofort vorbeikommen könnte, wollte mein Gesprächspartner wissen. Und ob, keine Stunde später saß ich dem Personaler gegenüber, und wir verhandelten kurz darauf mein Einstiegssalär. Ich möchte mit meinem kleinen Bericht nur Mut machen, selbst wenn es Durststrecken zu überwinden gilt, jede nächste Aktivität kann das Go bedeuten …

chen Sie, ruhig zu bleiben, atmen Sie tief durch, und sprechen Sie deutlich und flüssig, nicht zu langsam, aber auch nicht zu schnell. Geben Sie auf Nachfrage die wichtigsten Informationen weiter, die für den Arbeitgeber und den Auswahlprozess relevant sind.

Besonders auf die provozierende Frage des Personalchefs – ob sie nun ausgesprochen wird oder nicht – »Warum sollten wir ausgerechnet Sie einladen?« müssen Sie gut vorbereitet sein. Sie müssen aus dem Stegreif eine Werbebotschaft, also Verkaufsargumente in eigener Sache, überzeugend vortragen können. Vermitteln Sie bei alledem gute Laune und Aktionspotenzial, selbst wenn gerade die Badewanne überzulaufen droht oder die Nudeln zu Brei verkochen. Fassen Sie sich aber unbedingt kurz. Chefs haben wenig Zeit, sind jedoch immer offen für ein interessantes Gespräch.

Auch am späten Abend und am Wochenende müssen Sie auf solche »Einbrecher«-Anrufe vorbereitet sein. Erklären Sie Ihren Familienmitgliedern oder Mitbewohnern, wie sie sich verhalten sollen, falls in Ihrer Abwesenheit ein Arbeitgeber für Sie anruft: freundlich-höfliches Reagieren, Namen von Anrufer und Firma aufschreiben, ebenso die Telefonnummer, einen Rückruf zu einer konkreten Uhrzeit zusagen und am Schluss für den Anruf danken. Veranstalten Sie ruhig eine kleine

Schulung mit allen, die möglicherweise bei Ihnen ans Telefon gehen! Sprechen Sie außerdem eine freundlich-verbindliche, professionell klingende Ansage auf Ihren Anrufbeantworter, und verabschieden Sie sich von akustischen Visitenkarten mit Jux und Tollerei.

Die richtigen Rahmenbedingungen

Vielleicht denken Sie ja: »Telefonieren, das kann doch jeder!« Stimmt schon, aber Sie wollen bei der ersten Kontaktaufnahme ja nicht klingen wie »jeder«. Bereiten Sie deshalb Ihre telefonische Initiativbewerbung gründlich vor, und schaffen Sie die richtigen Rahmenbedingungen.

- Informieren Sie sich über Ihren Gesprächspartner und das Unternehmen.
- Legen Sie verschiedene Notizzettel bereit, sodass Sie für unterschiedliche Gesprächssituationen gerüstet sind.
- Ihr Lebenslauf liegt für den Fall vor Ihnen, dass man genaue Daten von Ihnen verlangt.
- Ihr Terminkalender ist zur Hand, damit Sie sofort Zeit, Ort und Datum aufschreiben können, wenn Sie Verabredungen treffen.
- Wenn Sie am Telefon ein Informationsgespräch vereinbaren wollen, sollte eine Liste mit den Fragen, die Sie klären wollen, vor Ihnen liegen, denn unter Umständen lässt sich Ihre Zielperson nicht auf ein Treffen ein, ist aber bereit, kurz am Telefon mit Ihnen zu sprechen.

Informationen zur Zielperson
Erfahren Sie so viel wie möglich über Ihre Zielperson, bevor Sie sie anrufen. Am besten erkundigen Sie sich gleich bei der Kontaktperson, die das Treffen vorgeschlagen hat. Bemühen Sie sich um folgende Informationen über Ihre Zielperson:

Beruflicher Hintergrund
- genauer Titel
- Beschäftigungsfeld (z. B. Produktmanager, Verwaltungsleiter, Verkaufsleiter, Personalchef – was genau macht diese Person?)
- Aktivitätsstand (Ist sie sehr beschäftigt? Wie schwer ist es, an sie heranzukommen? Ist sie entspannt und umgänglich?)
- Lebenslauf (Welche Universität besuchte sie? Für welches Unternehmen hat sie vorher gearbeitet? Gibt es Parallelen zwischen ihrem und Ihrem Lebenslauf? – Stichwort: Gemeinsamkeiten)

- Vereine/Verbindungen (Welchen Organisationen gehört sie an? Wo hält sie sich häufig auf? Kennen Sie Leute, die auch dorthin gehen?)
- Wie passt diese Person in das Gesamtbild, das Sie vom Unternehmen haben?

Persönlicher Hintergrund
- Hilft Ihr Gesprächspartner gerne anderen Menschen?
- Ist sein Name in letzter Zeit in den Medien aufgetaucht? Wenn ja, ergibt sich aus diesen Meldungen ein interessantes Gesprächsthema oder ein guter Anknüpfungspunkt?
- Seit wann lebt er in der Stadt? Je länger er dort wohnt, desto mehr Leute werden ihn kennen.

Mithilfe der oben stehenden Fragen machen Sie sich ein klares Bild, bevor Sie telefonieren. Zu viele Bewerber versuchen, Kontakte zu nutzen, ohne ein konkretes Ziel vor Augen zu haben. »Ruf Ralf an; er wird dir bestimmt helfen. Sag ihm, ich hätte dir den Tipp gegeben. Hier ist seine Nummer …« Die meisten Bewerber wählen dann unvorbereitet die Nummer – und vergeben unter Umständen eine riesige Chance.

Wenn man Ihnen den Rat gibt, mit einer bestimmten Person zu sprechen, sollten Sie die Gelegenheit nutzen und um nähere Informationen bitten. Wenn Sie alles notieren, was Sie über Ihre Zielperson erfahren, sind Sie auf ein späteres Treffen oder ein Gespräch gut vorbereitet.

Das Telefonskript
Es kommt natürlich nicht nur auf die Form, sondern auch auf den Inhalt Ihres Anrufs an. Deshalb sollten Sie vor dem Telefonat ein Skript mit Ihren wichtigsten Punkten verfassen. Schreiben Sie auf, was Sie sagen wollen. Sonst kann es sein, dass Ihr Gesprächspartner Sie durch seine gehetzte Art leicht aus dem Konzept bringt. Auch wer lieber improvisiert, sollte sicherheitshalber ein Skript vor sich liegen haben! Notieren Sie ganz oben den Namen Ihres gewünschten Gesprächspartners, im Zweifelsfall erkundigen Sie sich vorher nach der korrekten Aussprache.

Sprechen Sie den Menschen am anderen Ende der Leitung mit Namen an: »Frau Jäger, haben Sie einen Augenblick Zeit für mich? Es dauert nicht länger als drei Minuten«, »Herr Fabian, ich habe im Internet gesehen, dass Sie ein neues Projekt im Bereich automatische Spracherkennung ins Leben gerufen haben«, »Herr Söller, ich danke Ihnen herzlich für diese Informationen. Ich schicke Ihnen dann meine Unterlagen.«

Auch hier gilt: bitte nicht übertreiben! Es ist zwar richtig, dass jeder gerne seinen Namen hört, allerdings nicht ununterbrochen. Wenn Sie es für besonders geschickt halten, Ihren Gesprächspartner mit seinem Namen zu bombardieren, irren Sie gewaltig. Wer ständig mit Floskeln wie »Ja, Herr Müller«, »Nein, Herr Müller«, »Stimmt, Herr Müller«, »Natürlich, Herr Müller«, »Gern, Herr Müller«, »Vielen Dank, Herr Müller« um sich wirft, raubt dem Menschen am anderen Ende der Leitung den letzten Nerv und klingt eher wie ein Staubsaugervertreter als jemand, den man einstellen möchte.

Bevor Sie Namen zu häufig gebrauchen, ist es besser, dies auf die Begrüßung und den Schluss zu beschränken. Wichtig ist, dass Sie freundlich und natürlich klingen. Ihr Gegenüber soll nicht das Gefühl bekommen, Sie seien gerade von einem missglückten Rhetorik-Wochenendseminar mit dem Thema »So überzeuge ich andere« zurückgekehrt.

Konkret sein

Unabhängig davon, in welcher Phase Ihrer Bewerbung Sie anrufen, müssen Sie stets den Eindruck vermitteln, dass Sie wirklich etwas zu sagen oder zu fragen haben. Ein Personalchef spricht gern über sein Unternehmen, vor allem über die Größe und die Zahl der Mitarbeiter. Zeigen Sie ihm durch Ihre Fragen, dass Sie sich für seine Arbeit und seinen Betrieb interessieren. Machen Sie auch deutlich, dass Sie sich sorgfältig über das Unternehmen informiert haben. Etwa so:

- *»Guten Tag, Frau Zimmermann. Gerade habe ich über Ihr Unternehmen in der* Süddeutschen Zeitung *gelesen. Ich interessiere mich sehr für eine Tätigkeit im Bereich Kongressmanagement und möchte Ihnen gerne meine Bewerbungsunterlagen zusenden. Dem Zeitungsbericht war zu entnehmen, dass Sie in Ihrem Unternehmen gute Erfahrungen mit der Beschäftigung von Geisteswissenschaftlern gemacht haben. Deshalb meine Frage: Ich bin promovierter Physiker, habe aber bereits einige Erfahrungen mit der Planung wissenschaftlicher Kongresse. Beispielsweise habe ich letztes Jahr die Hauptversammlung der Internationalen Naturwissenschaftlervereinigung gestaltet. Sehen Sie da eine Chance für mich, oder sind Sie auf Geisteswissenschaftler festgelegt?«*
- *»Guten Tag, Herr Schröter, ich habe gehört, dass Sie zurzeit Programmierer suchen. Da ich Mathematik studiert habe, bin ich vor al-*

lem auf konzeptionelle Arbeit spezialisiert. Ich würde mich daher gern kurz mit dem zuständigen Projektleiter unterhalten. Es geht um die Frage, ob er jemanden zum Programmieren oder eher für die Konzeption benötigt. Können Sie mich weiterverbinden?«

Lassen Sie sich dabei nicht zu schnell abwimmeln. Sie können Ihre Unterlagen ja auch bei der Sekretärin abgeben. Auf diese Weise gelingt es vielleicht, sie zu Ihrer Verbündeten zu machen. Das wird sich schon bei Ihrem nächsten Anruf für Sie bezahlt machen. Außerdem ist Ihr Kurzbesuch ein weiteres Zeichen Ihrer Einsatzbereitschaft und Motivation. Wenn dann noch der Zufall mitspielt und der Chef gerade ins Vorzimmer kommt, kann sich durchaus ein kurzes erstes Vorstellungsgespräch entwickeln. Auch hierauf sollten Sie vorbereitet sein.

So präsentieren Sie sich richtig

Telefonieren Sie im Stehen. Das gibt Ihrer Stimme Kraft und vermittelt einen dynamischen Eindruck. Wenn Ihr Telefon es erlaubt (und Sie gerade nichts notieren müssen), können Sie während des Gesprächs auf und ab gehen. Ziehen Sie sich für ein wichtiges Telefonat an wie für ein Vorstellungsgespräch. Mit Jogginganzug zusammengesunken auf Ihrem Sofa werden Sie andere nicht überzeugen können. Schauen Sie in einen auf dem Schreibtisch aufgestellten Spiegel oder besser noch – weil Sie ja stehen – in Ihren Wandspiegel. Lächeln Sie sich selbst an. Nicht grinsen! Sie werden sehen, wie positiv das Ihre Ausstrahlung am Telefon beeinflusst. »Die Form des Mundes hat Einfluss auf den Klang der Stimme«, so der Amerikaner George Walther, Autor des Buches *Phone Power* und Profi-Telefontrainer.

Alle diese Empfehlungen mögen Sie vielleicht im ersten Moment befremden, aber wenn Sie sich mit der Materie wirklich intensiv beschäftigen, merken Sie schnell, dass es sich hier um erprobte und hilfreiche Tipps handelt.

Keine verräterischen Hintergrundgeräusche

Während des Telefongesprächs mit Ihrem potenziellen Arbeitgeber muss Ihre Umgebung absolut ruhig sein. Das bedeutet unter anderem, dass Sie besser nicht aus einer Telefonzelle oder von unterwegs anrufen. Sorgen Sie dafür, dass im Hintergrund niemand mit Geschirr klappert, Ihr Hund nicht bellt oder Ihre Kinder die Musik nicht laut aufdrehen. Vermeiden Sie außerdem Bürolärm. Denn das erweckt den Eindruck, dass Sie auf Kosten Ihres jetzigen Arbeitgebers telefonieren – ein Fauxpas, den Sie nie wiedergutmachen können.

Ihre Türklingel sollten Sie möglichst abschalten oder wenigstens akustisch abschotten, da Sie nicht, sobald Sie endlich »den Richtigen« am Telefon haben, von spontanem Besuch gestört werden wollen.

Üben Sie

Viele Leute sind unsicher, wie ihre Stimme am Telefon klingt. In solchen Fällen ist es hilfreich, Freunde oder Bekannte gezielt auf dieses Thema anzusprechen. Vielleicht können Sie ein Probetelefonat mit Ihrem besten Freund oder Ihrer besten Freundin auf ein Tonband aufzeichnen. Überhaupt sind Rollenspiele am Telefon sehr zu empfehlen.

Auch Atem-, Entspannungs- und Stimmübungen tun gute Dienste und verschaffen der Stimme mehr Präsenz. Die Persönlichkeitstrainerin Sabine Asgodom rät sogar, das Telefonskript vorher zu singen …

Der richtige Zeitpunkt

Natürlich sollte der Tag, an dem Sie wichtige Telefongespräche führen, ein »Lucky Day«, also ein richtig guter Tag sein. Gut ausgeschlafen, gut gelaunt und voller Tatendrang greifen Sie zum Telefon. Telefonexperten raten Bewerbern: Erfolgreiches Telefonieren ist auch eine Frage des Biorhythmus. Ein Morgenmuffel kann nicht schon vormittags mit der Stimme kraftvolle Bilder malen, Ideen vermitteln und Power rüberbringen. Außerdem sollte man sich nicht vorher über irgendjemanden furchtbar geärgert haben. So etwas überträgt sich garantiert auf das Telefonat.

Apropos Frühaufsteher: Wenn Sie Sorge haben, mit Ihrem Anliegen nicht an der Sekretärin vorbeizukommen, versuchen Sie es doch einmal morgens zwischen 7 und 8.30 Uhr. Vielleicht haben Sie Glück, und der Chef ist schon im Büro. Als Morgenmuffel versuchen Sie es besser nach 17 Uhr, freitagnachmittags oder in kleineren Unternehmen auch mal am Wochenende. Nicht selten sind Chefs auch noch um 18 oder 20 Uhr und an Samstagen vormittags im Büro und wie fast jeder Mensch neugierig, wenn das Telefon klingelt. Auch wenn Ihr Gegenüber sich nicht gleich zu erkennen gibt und sich nur mit »Hallo« meldet, gehen Sie ruhig davon aus, dass Sie einen Entscheidungsträger am anderen Ende der Leitung haben. Das ist Ihre Chance, Ihr Anliegen vorzutragen.

Telefonieren ist in erster Linie Übungssache, doch leider haben die meisten Bewerber kaum

Erfahrung, Gesprächstermine am Telefon zu vereinbaren. Daher ist es sinnvoll, als Vorübung zunächst Freunde anzurufen bzw. Freunde zu bitten, mit Ihnen Gesprächssituationen durchzuspielen. Wer so anfängt, lernt schrittweise, seine Pläne in Worte zu fassen, und fühlt sich mit der Zeit wohler in seiner Haut. Wenn Sie die Telefontechniken beherrschen und freundlich sind, ohne zu »schleimen«, werden Sie zum überzeugenden Gesprächspartner.

Das Telefon ist für Ihre Initiativbewerbung ein zentral wichtiges Medium. Je besser Sie damit umgehen können, desto erfolgreicher wird Ihr Vorhaben sich realisieren. Auch hier gilt: Übung macht den Meister.

Mehr Informationen zum Telefongespräch finden Sie auf der CD-ROM.

⭐ Checkliste: Telefon

Bereiten Sie Ihre Telefonate gründlich vor
- ○ Fertigen Sie Notizen/Stichworte an.
- ○ Legen Sie sich schlagfertige Antworten auf schwierige Fragen zurecht.
- ○ Bereiten Sie einen ein- bis zweiminütigen verbalen »Werbespot« in eigener Sache vor.
- ○ Überlegen Sie, was Ihnen bei Telefongesprächen die größten Schwierigkeiten verursacht. Arbeiten Sie an diesen Problemen.
- ○ Seien Sie darauf vorbereitet, dass man Sie zurückweist. Niemand gewinnt jedes Spiel, aber je mehr Sie üben, desto eher haben Sie das Glück auf Ihrer Seite. Experten schätzen die Chance, eine Runde weiterzukommen, auf 10 bis 20 Versuche. Eine verfolgenswerte Perspektive …

Während des Telefonats
- ○ Achten Sie auf Ihre Stimme. Sie sollten fröhlich, freundlich und selbstbewusst klingen.
- ○ Fassen Sie sich kurz, und seien Sie präzise. Bilden Sie einfache Sätze. Geben Sie Ihrem Gesprächspartner Gelegenheit zu antworten.
- ○ Notieren Sie Namen, Telefonnummer und Adresse Ihres Gesprächspartners und eventuelle Tipps zur Anreise.
- ○ Beenden Sie das Gespräch so schnell wie möglich, nachdem Sie Datum, Uhrzeit und Adresse bestätigt haben.

3. Lerntest: Richtig oder falsch ...

Welche Aussage ist richtig, welche falsch?
Bitte kreuzen Sie **R** oder **F** an.

a) Durch ein zuvor geführtes Telefonat mit dem Empfänger der Initiativbewerbung   R ☐   F ☐
   oder seinem Vertreter kann man seine Bewerbung noch zusätzlich positiv fördern.

b) Wenn man eine Absage vom Unternehmen bekommt, muss man sich neu orientieren,   R ☐   F ☐
   was anderes bleibt einem ja kaum übrig, denn wirklich tun kann man nichts.

c) Ein eigenes Stellengesuch aufzugeben ist eine ziemlich aufwendige Sache.   R ☐   F ☐

Die richtige Lösung finden Sie auf Seite 60.

Lösung 2. Lerntest: b, c

FORMEN DER KURZBEWERBUNG

Zeit ist kostbar – besonders die von Führungskräften. Wenn Sie es schaffen, sich in kurzer und dazu noch interessanter Form zu präsentieren, haben Sie jedoch gute Chancen, dass man auf Sie aufmerksam wird.

Das entscheidende Merkmal einer Kurzbewerbung ist ihre Kürze; der Empfänger wird schnell über den Bewerber informiert und kann spontan entscheiden, ob er nun mehr sehen möchte. Eine Kurzbewerbung kann unterschiedlich umfangreich sein. Bei einer Seite wird man wohl am häufigsten eine Art Kombination von Anschreiben und den wichtigsten Lebenslaufdaten präsentieren. Häufiger werden zwei Seiten verwandt: eine, die das knappe Anschreiben transportiert, und eine zweite, welche die berufliche Entwicklung darstellt.

Gerade bei einer Kurzbewerbung kommt es auf jedes Detail an, und das Verfassen kurzer, prägnanter Texte braucht oft etwas mehr Zeit.

Der Flyer – Ihr persönlicher Werbeprospekt

Eine besonders gelungene Form der Kurzbewerbung ist der Flyer – Ihr ganz persönlicher Werbeprospekt. Das Format können Sie recht frei wählen – in unserem Beispiel ist es DIN A5, auf Vorder- und Rückseite bedruckt. Mit Ihrem PC und einem modernen Textverarbeitungsprogramm können Sie problemlos einen solchen Folder herstellen. Klicken Sie z. B. bei Word in der Menüleiste auf *Datei*, dann auf *Seite einrichten*, *Papierformat* und zuletzt auf *Querformat*. Richten Sie sich drei Spalten ein oder legen Sie eine dreispaltige Tabelle als Grundlage an. Schon kann's losgehen.

Der Flyer wird von beiden Seiten bedruckt, indem Sie z. B. erst den Außenteil ausdrucken, das Papier umdrehen und dann die inneren Textabschnitte drucken. Sie dürfen – anders als in unserem Beispiel – auch die Seite frei lassen, die im zusammengeklappten Zustand den »Rücken« bildet. Die grafische Gestaltung bleibt also ganz Ihnen überlassen – die Möglichkeiten sind vielfältig. Sie können Ihren Flyer natürlich auch professionell in einem Copyshop ausdrucken lassen.

Die größte Herausforderung bei dieser Art Werbeprospekt in eigener Sache ist die Notwendigkeit, mit wenig Text auszukommen. Wer sich dieser Herausforderung stellt und das Problem gut löst, hat wirklich die Essentials seines Angebots herausgearbeitet (siehe dazu auch Seite 41 »Ihr überzeugendes Stellengesuch«).

Mit einem kurzen Begleitschreiben in die Richtung »Sie halten jetzt die wahrscheinlich leichteste Bewerbungsmappe der Welt in der Hand ...« kann man sogar hartgesottene Personalchefs immer noch überraschen. Trotzdem sollten diese im Posttarif äußerst günstigen Varianten nicht dazu verleiten, kopflos Hunderte von Flyern zu verschicken. Nicht die Quantität zählt schließlich, sondern die Qualität.

Diese Form der schriftlichen Kontaktaufnahme stellt eine Alternative dar, mit der Sie Aufmerksamkeit, Interesse und Neugier an Ihrer Person wecken können. Sie dürfen Ihre Fotos entweder einscannen oder Originalfotos aufkleben.

Ein Flyer ist auch immer eine besondere Art der Visitenkarte, wenn es z. B. um Erstkontakte auf Messen geht oder bei sonstigen Zusammenkünften mit potenziellen Arbeitgebern. Schnell bei der Hand und bequem verfügbar, ermöglicht Ihnen der Flyer, Ihre Werbebotschaft auf ansprechende und kompakte Weise zu überreichen.

_____
Name, Vorname

_____
Betrieb/Straße

_____
PLZ, Ort

_____
Telefon

Ja, ich möchte gerne mehr über Manuela Veltin erfahren! Bitte senden Sie mir

☐ eine Kurzbewerbung
(Anschreiben + Lebenslauf)

☐ eine komplette Bewerbungsmappe

Bitte
ausreichend
frankieren

Manuela Veltin
Welfengarten 10
30156 Hannover

Mein Ausbildungsziel: Buch und Handel

Sehr geehrte Frau Seeger,

hinter diesem Gesicht steckt **Manuela Veltin,** die sich heute bei Ihnen um eine **Ausbildung zur Buchhändlerin** bewerben möchte. (Bitte weiterblättern …)

Hannover, 5. Februar 2010

Wenn Sie Interesse an meiner ausführlichen Bewerbung haben, verwenden Sie bitte diese Antwortkarte, vielen Dank!

Mein Ausbildungsziel: Buch und Handel

Ein Buch ist immer so spannend wie sein Cover …

… und welche Bewerberin steckt hinter diesem Gesicht?

Manuela Veltin / Bewerbungsflyer (Kommentar auf Seite 57)

Mein Ausbildungsziel: Buch und Handel

Sehr geehrte Frau Seeger,

hinter diesem Gesicht steckt
Manuela Veltin,
die sich heute bei Ihnen um eine
**Ausbildung
zur Buchhändlerin**
bewerben möchte.
(bitte weiterblättern ...)

Hannover, 5. Februar 2010

*Wenn Sie Interesse an meiner
ausführlichen Bewerbung haben,
verwenden Sie bitte diese Antwortkarte,
vielen Dank!*

↑

Mein Ausbildungsziel: Buch und Handel

Manuela Veltin

Welfengarten 10
30156 Hannover
☎ 0511 456896
@ veltin@web.de

Persönliche Daten

Geboren: am 26. April 1994
in Hannover

Eltern: Ralf Veltin, Lehrer
Dorte Veltin, geb. Maier,
Bibliothekarin

Schulbildung

Grundschule: 2000–2004
Realschule: seit 2004
Abschluss: Sommer 2010
Lieblingssprachen: Englisch, Französisch

Außerschulische Interessen

Kenntnisse: Schreibmaschine,
MS Office

Hobbys: englische Kriminalro-
mane, Ballett,
Feldhockey

Mein Ausbildungsziel: Buch und Handel

„Bücherwurm", „Leseratte" ...

Sehr verehrte Frau Seeger, mit diesen
Spitznamen werde ich schon seit meiner
frühesten Kindheit bedacht. Genau gesagt,
seit ich das Lesen gelernt habe. Denn mit
diesem Tag hat sich für mich die faszinie-
rende Welt der Bücher geöffnet.

Im Deutschunterricht konnte ich seitdem
die wichtigsten Werke der deutschen
Literatur und einige französische Bücher
kennenlernen.

Aber nicht nur das Lesen fasziniert mich,
auch die kaufmännischen Aspekte des
Buchhandels und der intensive Kontakt zu
den Kunden interessieren mich sehr.

Mein größter Wunsch ist es daher, den Beruf
der Buchhändlerin zu erlernen. Ich kenne
Ihre Buchhandlung schon lange als Kundin
und möchte sehr gerne als Auszubildende
bei Ihnen lernen.

Ich freue mich, wenn Sie mir die Möglichkeit
geben, Sie in einem Gespräch persönlich
kennenzulernen.

Mit freundlichen Grüßen

Manuela Veltin

Manuela Veltin / Bewerbungsflyer (Kommentar auf Seite 57)

Thomas Heldt
Drauburger Straße 37
80333 München
Tel. 089 3345468

Coop-Ex Industrie-Consulting
Herrn C. Kühnel
Grünburger Allee 112
81541 München

München, 16.09.2010

Sehr geehrter Herr Kühnel,

ich möchte Sie gerne auf jemanden aufmerksam machen: auf mich.

Wer ich bin?   Thomas Heldt, 45 Jahre alt, engagierter und erfahrener Exportkaufmann
                im Bereich Investitionsgüter.

Was ich will?   Einen Arbeitsplatz in Ihrem Unternehmen, mit dem ich bereits in den
                vergangenen Jahren zusammengearbeitet habe. Gerne würde ich hier meine
                Stärken wie Genauigkeit, Selbstständigkeit und Stressresistenz einsetzen.

Was ich kann?   Ich biete Ihnen langjährige Erfahrung und damit Kontakte im weltweiten
                Exportgeschäft von Maschinen und Anlagen. Ich verfüge über umfassende
                Kenntnisse in Exportvorbereitung, -abwicklung und -Controlling:
                z. B. Vertragsgestaltung, Finanzierungsmanagement, Riskmanagement,
                Zollabfertigung, Logistik, Akkreditivbearbeitung und Forderungsmanagement.
                Eine permanente Fortbildung ist mir sehr wichtig. Daher habe ich Kurse
                in Zollbestimmungen, internationalem Vertragsrecht, Exportkontrolle und
                in Excel SAP R/3 erfolgreich abgeschlossen.
                Gerne arbeite ich im Team, bin aber dank meines Organisationstalents
                und der großen Flexibilität selbstverständlich auch in der Lage, jederzeit
                eigenverantwortlich zu agieren.

Gerne sende ich Ihnen weitere Unterlagen zu und hoffe, bald von Ihnen zu hören.

Mit freundlichen Grüßen

Thomas Heldt

Der Flyer

Kommentar

Das durchgehende Spruchband am oberen Rand lässt den Leser keine Minute vergessen, worum es geht: um einen Ausbildungsplatz im Buchhandel. Das ist offensichtlich Manuelas Herzenswunsch, sonst hätte sie nicht einen so engagierten und mit allen Schikanen ausgestatteten Flyer gestaltet. Nach einem unterhaltsamen kurzen Einstieg mit sympathischem Foto und netter aufmerksamkeitswirksamer Frage spricht Manuela die Empfängerin (Frau Seeger) direkt an. Und die sieht schon jetzt, dass sie per vorgefertigter Antwortkarte ganz unkompliziert die vollständigen Unterlagen anfordern kann.

Der Lebenslauf, den Manuela Veltin eingefügt hat, ist sogar vollständig und auch das Anschreiben ist kaum kürzer als ein klassisches. Mit einer etwas kleineren Schriftgröße (10 Punkt) ist so etwas möglich. Kleiner als 10 Punkt sollte es allerdings nicht werden, sonst können Sie gleich eine Lupe mitschicken (und diese Kreatividee käme sicherlich nicht so gut an!).

Einschätzung: Damit hat sich diese Ausbildungsplatzsuchende wirklich bestens empfohlen und wird sicherlich positiv berücksichtigt werden. Eine tolle Idee, sehr gut umgesetzt!

Und auch wenn es sich hier in diesem Beispiel um eine Bewerbung für einen Ausbildungsplatz handelt: Eine leichte (schnelle) Abwandlung des Textes und eine gestandene Sekretärin kann sich so bzw. ganz ähnlich auf einen Bürojob bewerben und ein Lebensmittelverkäufer sich in seinem Fach empfehlen.

Übrigens: Für Jobs, in denen man mehr als 36.000 Euro im Jahr, also monatlich über 3.000 Euro verdient, ist es vielleicht nicht der beste Weg. Und dennoch, es kommt immer darauf an, wie Sie den Bewerbungsflyer gestalten und texten.

Die Kurzbewerbung

Kommentar

Bei diesem Beispiel handelt es sich um eine Bewerbung in kürzester Form. Sie umfasst wirklich nur eine Seite. Trotzdem sind die wichtigsten Daten und Argumente des Kandidaten enthalten und geschickt präsentiert.

Die grafische Gestaltung, das quadratische Foto, die Textanordnung, alles gute Ideen.

Der Kandidat muss über die Firma Erkundigungen eingeholt haben, denn er kann den verantwortlichen Ansprechpartner in Anschrift und Anrede benennen.

Der Hauptteil des Schreibens ist durch drei klare, kurze Fragen (die eigentlich gar keine sind – also auch ohne Fragezeichen auskommen könnten) gegliedert, die auf der rechten Seite in prägnanter Weise beantwortet werden.

Der Bewerber versteht es, in dieser sehr komprimierten Form für sich zu werben. Der Leser wird neugierig und möchte sicherlich mehr erfahren. Die Kurzbewerbung endet mit dem Hinweis, dass der Kandidat gerne weitere Unterlagen zusendet. Diese Anmerkung ist bei solch einer Bewerbung unabdingbar.

Einziger Kritikpunkt: Vielleicht kommt es noch nicht deutlich genug zum Ausdruck, warum sich der Kandidat gerade bei diesem Unternehmen bewerben will. Das Argument, dass er bereits früher mit der Firma zusammengearbeitet hat, könnte er noch besser nutzen.

Einschätzung: Eine insgesamt gute und einfallsreiche Kurzbewerbung.

Die Visitenkarte

Statt eines Flyers – wie eben vorgeführt – reicht häufig sogar schon eine Visitenkarte, die Sie Ihrem Gegenüber bei oder nach einem persönlichen Erstkontaktgespräch überreichen. Das ist von der Handhabung (Transport, Verfügbarkeit) noch unkomplizierter. So ein kleines Kärtchen sollten Sie also ständig bei sich tragen. Ihr Gegenüber kann sich dann besser an das Gespräch und Ihr Angebot erinnern, und wenn Sie in den darauffolgenden Tagen anrufen oder eine E-Mail bzw. auch auf dem postalischen Weg Ihre klassischen Initiativbewerbungsunterlagen schicken, ist beim Empfänger die Informationsgrundlage deutlich besser.

Reisen bildet
... und gute Reisekaufleute werden von Ihnen ausgebildet!

Lena Reiner – mein Name

Reisekauffrau – mein Ziel

Meine Profilcard – für Sie!

Info zu meiner Person – auf der Rückseite

Vorderseite

Person
geb. am 11.08.1994 in Frankfurt •
Schulabschluss 04/2010: Mittlere Reife •
Lieblingsfächer: Erdkunde, Englisch •
Hobbys: Segeln, Volleyball •

Persönliches
aufgeschlossen, freundlich •
aufmerksam, kommunikativ •
sprachbegabt, humorvoll •

Ich freue mich sehr, wenn Sie meine vollständige Bewerbung anfordern:

Raiffeisenstr. 2, 24148 Kiel
Tel. 0431 2724411 – lena@mail.de
www.lena-reiner.de

Rückseite

Christian Hofmann
Kunststofftechniker im Kfz-Bereich

• Entwicklung von Prototypen
• PC-basierte Projektdokumentation
• TÜV-Zulassungsprüfung

Waldstraße 3
30177 Hannover
Tel.: 0511 8018433
E-Mail: chris-poly@t-online.de

Vorderseite

Rückseite

Johannes Engler
Elektrotechnik-Meister

Beurhausstraße 57
44137 Dortmund
Tel.: 0231 142048

Vorderseite

Elektro- und Fernmeldetechnik
• Bühnentechnik
• Sicherheitstechnik
• Beratung im Bereich VDE- und
  DIN-Vorschriften

Rückseite

Frederike Traube
Hotelbetriebswirtin (staatl. geprüft)

Breite Straße 33
18055 Rostock
Tel.: 0381 553834

Vorderseite

Schwerpunkte

Planung und Einkauf
Controlling
PR im Hotel- und Gaststättengewerbe
Fachberaterin für deutsche Weine

Rückseite

Kommentar

Bei so wenig Platz für Interesse zu werben und
alles Wichtige zu sagen ist schon eine echte
Herausforderung. Es fällt Ihnen sicherlich leichter,
wenn Sie wissen, was in keinem Fall fehlen darf:
Ihre Adresse, Ihr Arbeitsbereich und Ihr Kom-
petenzschwerpunkt. Weitere Optionen: Geburtsdatum, Schulabschluss und Ihr Berufswunsch,
wenn es um einen Ausbildungsplatz geht, andern-
falls: Ihr besonderes Mitarbeitsangebot.

Bewerbung per E-Mail

Inzwischen liegen Onlinebewerbungen voll im Trend. Bereits zwei Drittel aller Großunternehmen bevorzugen die Bewerbung übers Internet. Auch bei dieser Form der Bewerbung gelten dieselben Grundsätze wie bei der klassischen schriftlichen Bewerbung. Allerdings wird hier oftmals auf Zeugniskopien etc. verzichtet.

E-Mail-Bewerbungen leiden oft unter einem schlechten Ruf. Immer wieder klagen Personalverantwortliche über die Flut unzulänglicher Bewerbungen auf dem elektronischen Postweg. Es gibt viele Fehlerquellen, die den Bewerber schon von vornherein in einem schlechten Licht erscheinen lassen. Wenn Sie sich aber Mühe geben, verbessern Sie Ihre Chance signifikant, denn auch online gilt: gründlich und sorgfältig vorbereiten, formal korrekt, inhaltlich knapp, klar und deutlich.

Völlig fehl am Platz wäre hier der lockere Ton, der sonst oftmals im Netz herrscht.

Eine Kurzbewerbung per E-Mail besteht aus einem Anschreiben, in dem Sie sich kurz vorstellen, Ihre Fähigkeiten und Kenntnisse darstellen, und einem Lebenslauf, der entweder direkt nach dem Anschreiben eingebaut oder als Anlage angefügt wird.

Auf jeden Fall sollten Sie anbieten, ausführliche Unterlagen per E-Mail oder Post nachzusenden. Sie können natürlich auch gleich eine komplette Bewerbung per E-Mail senden.

Falls Sie über eine eigene Webseite verfügen sollten, weisen Sie auf die zusätzlichen Dokumente (z. B. Arbeitsproben, Referenzen etc.) hin, die sich Ihr Ansprechpartner dort ansehen und ggf. herunterladen kann. Dann sollte die Webseite allerdings den allgemeinen optischen Ansprüchen entsprechen. Vergessen Sie nicht Ihre User- und Passwortangabe!

✪ Checkliste: Kurzformen

○ Richten Sie Ihre Mail an einen konkreten Ansprechpartner – verwenden Sie möglichst keine info@firma-Adressen.

○ Ihre persönliche E-Mail-Adresse sollte seriös klingen (z. B. vorname.name@provider.de) – geben Sie nicht Ihre Firmen-Mailadresse an.

○ Auch Ihre E-Mail-Bewerbung muss individuell auf die angeschriebene Firma zugeschnitten sein.

○ Geben Sie in der Betreffzeile kurze, prägnante Schlagworte für den Adressaten an.

○ Dem Text für Ihr E-Mail-Anschreiben sollten dieselben Regeln zugrunde liegen wie dem eines klassischen Bewerbungsanschreibens:
– kurz
– gut strukturiert
– aussagekräftig
– formelle Anrede
– korrekte Rechtschreibung und Grammatik

○ Schreiben Sie Ihre E-Mail als reinen Fließtext, benutzen Sie die Return-Taste nur am Absatzende. Verwenden Sie weder HTML-Formatierungen noch elektronisches Briefpapier.

○ Anlagen wie Lebenslauf und Zeugnisse werden im PDF-Format verschickt (nicht mehr als ein oder zwei Dateien anhängen).

○ Namen, Adresse, Telefon- und Faxnummer, E-Mail-Adresse und ggf. den Domainnamen Ihrer eigenen Webseite geben Sie am Ende Ihrer E-Mail-Bewerbung als Signatur an.

○ Wenn Sie nach spätestens fünf Tagen keine Antwort von der Kontaktperson erhalten haben, an die Sie Ihre E-Mail geschickt hatten, sollten Sie telefonisch nachfragen, ob Ihre E-Mail angekommen ist.

LERNTEST

4. Lerntest: Ihr Wissensstand über die schriftliche Bewerbung

Achtung! Es können auch mehrere Antworten richtig sein.

Was ist bei Bewerbungen per E-Mail insbesondere zu berücksichtigen?

a) Dass die Hemmschwelle vieler Mitarbeiter, gerade in traditionellen Unternehmen, gegenüber dem Medium noch immer relativ hoch ist
b) Dass Sie nicht wissen, wer sich Ihre Bewerbung anschaut
c) Dass Personalchefs Angst vor Viren haben
d) Dass Sie nicht zu viele und zu große Dateianhänge schicken sollten

Die richtige Lösung finden Sie auf Seite 66.

Lösung 3. Lerntest:
a) R: Unbedingt! Bereiten Sie so ein Telefonat gut vor!
b) F: Wenn Sie wirklich überzeugt sind, für die Position und Aufgabe der/die Richtige zu sein, lohnt sich ein Anruf oder ein weiteres Schreiben.
c) R: Doch es zahlt sich bestimmt aus!

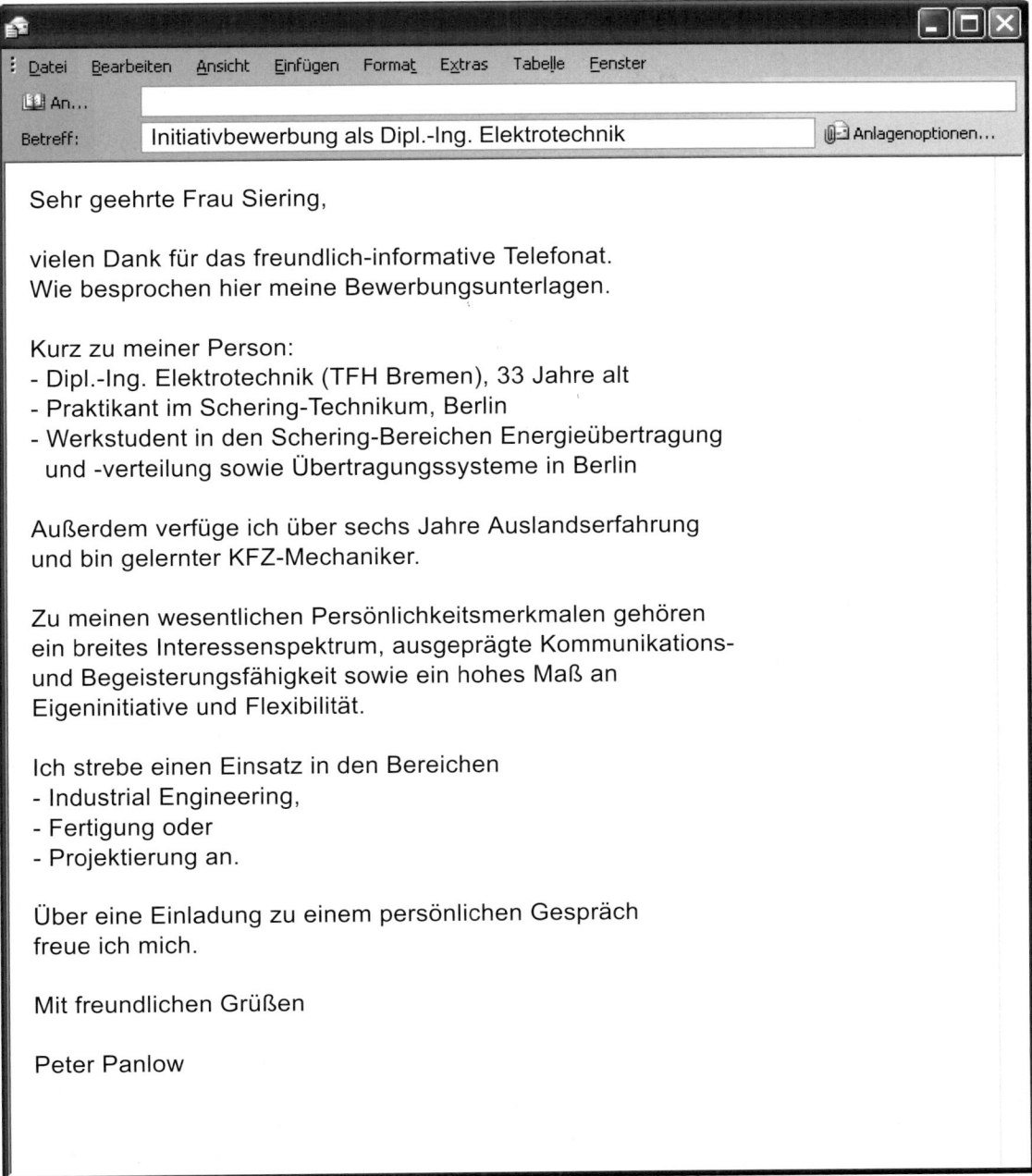

Datei Bearbeiten Ansicht Einfügen Format Extras Tabelle Fenster

An...

Betreff: Initiativbewerbung als Dipl.-Ing. Elektrotechnik   Anlagenoptionen...

Sehr geehrte Frau Siering,

vielen Dank für das freundlich-informative Telefonat.
Wie besprochen hier meine Bewerbungsunterlagen.

Kurz zu meiner Person:
- Dipl.-Ing. Elektrotechnik (TFH Bremen), 33 Jahre alt
- Praktikant im Schering-Technikum, Berlin
- Werkstudent in den Schering-Bereichen Energieübertragung
  und -verteilung sowie Übertragungssysteme in Berlin

Außerdem verfüge ich über sechs Jahre Auslandserfahrung
und bin gelernter KFZ-Mechaniker.

Zu meinen wesentlichen Persönlichkeitsmerkmalen gehören
ein breites Interessensspektrum, ausgeprägte Kommunikations-
und Begeisterungsfähigkeit sowie ein hohes Maß an
Eigeninitiative und Flexibilität.

Ich strebe einen Einsatz in den Bereichen
- Industrial Engineering,
- Fertigung oder
- Projektierung an.

Über eine Einladung zu einem persönlichen Gespräch
freue ich mich.

Mit freundlichen Grüßen

Peter Panlow

Peter Panlow / E-Mail-Anschreiben (Kommentar auf Seite 66)

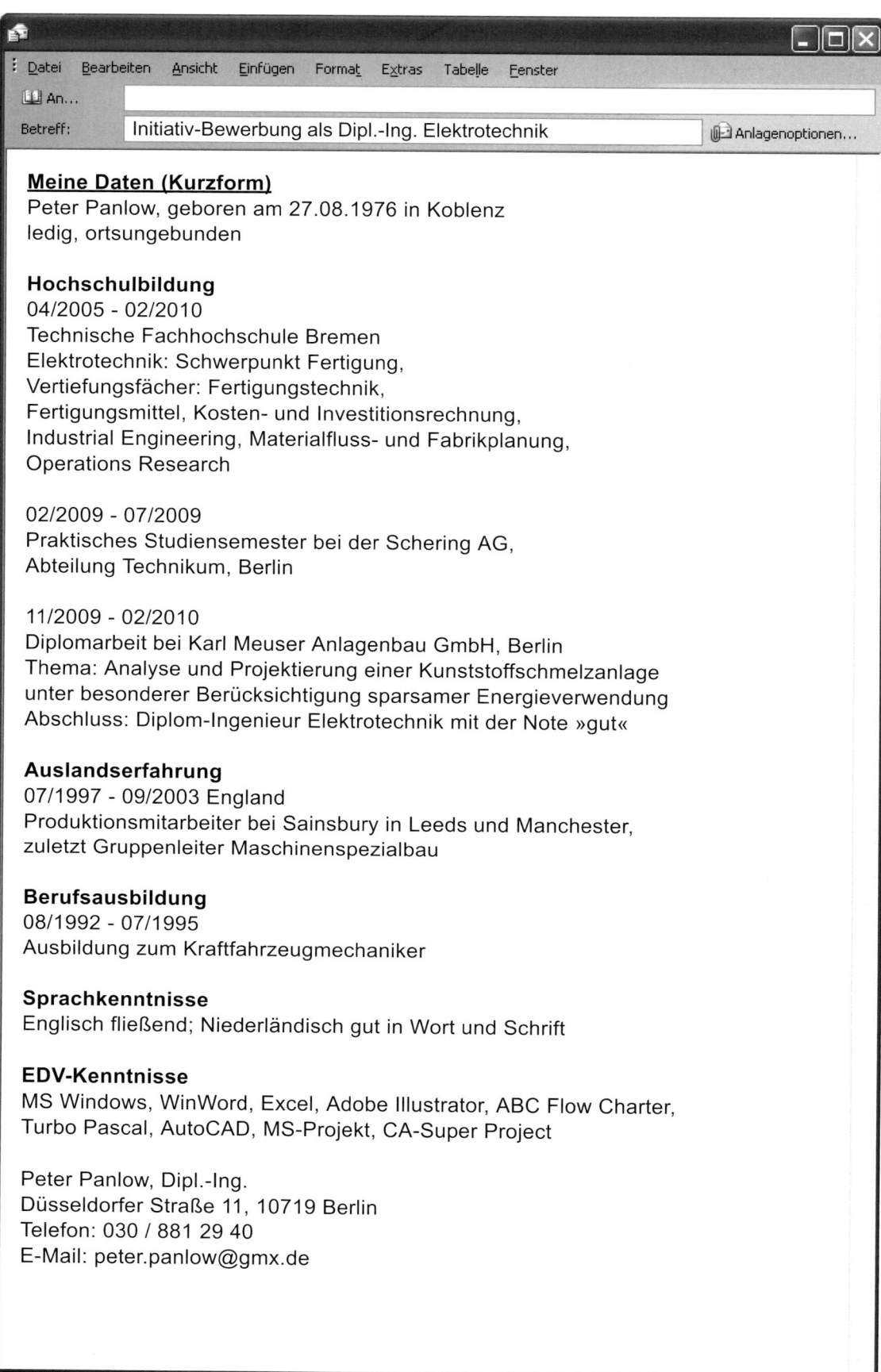

Betreff: Initiativ-Bewerbung als Dipl.-Ing. Elektrotechnik

Meine Daten (Kurzform)
Peter Panlow, geboren am 27.08.1976 in Koblenz
ledig, ortsungebunden

Hochschulbildung
04/2005 - 02/2010
Technische Fachhochschule Bremen
Elektrotechnik: Schwerpunkt Fertigung,
Vertiefungsfächer: Fertigungstechnik,
Fertigungsmittel, Kosten- und Investitionsrechnung,
Industrial Engineering, Materialfluss- und Fabrikplanung,
Operations Research

02/2009 - 07/2009
Praktisches Studiensemester bei der Schering AG,
Abteilung Technikum, Berlin

11/2009 - 02/2010
Diplomarbeit bei Karl Meuser Anlagenbau GmbH, Berlin
Thema: Analyse und Projektierung einer Kunststoffschmelzanlage
unter besonderer Berücksichtigung sparsamer Energieverwendung
Abschluss: Diplom-Ingenieur Elektrotechnik mit der Note »gut«

Auslandserfahrung
07/1997 - 09/2003 England
Produktionsmitarbeiter bei Sainsbury in Leeds und Manchester,
zuletzt Gruppenleiter Maschinenspezialbau

Berufsausbildung
08/1992 - 07/1995
Ausbildung zum Kraftfahrzeugmechaniker

Sprachkenntnisse
Englisch fließend; Niederländisch gut in Wort und Schrift

EDV-Kenntnisse
MS Windows, WinWord, Excel, Adobe Illustrator, ABC Flow Charter,
Turbo Pascal, AutoCAD, MS-Projekt, CA-Super Project

Peter Panlow, Dipl.-Ing.
Düsseldorfer Straße 11, 10719 Berlin
Telefon: 030 / 881 29 40
E-Mail: peter.panlow@gmx.de

Peter Panlow / E-Mail-Lebenslauf / 1. Version: Kurzform (Kommentar auf Seite 66)

Datei Bearbeiten Ansicht Einfügen Format Extras Tabelle Fenster

An...

Betreff: Initiativbewerbung als Dipl.-Ing. Elektrotechnik   Anlagenoptionen...

Meine Daten

Peter Panlow, geboren am 27.08.1976 in Koblenz
ledig, ortsungebunden

Hochschulbildung
04/2005 - 10/2010
Grund- und Hauptstudium Technische Fachhochschule
in Bremen: Elektrotechnik

11/2007
Vordiplom mit der Note »gut«

04/2008 - 02/2010
Hauptstudium: Schwerpunkt Fertigung, mit den
Vertiefungsfächern: Fertigungstechnik, Fertigungsmittel,
Kosten- und Investitionsrechnung, Industrial Engineering,
Materialfluss- und Fabrikplanung, Operations Research

02/2009 - 07/2009
Praktisches Studiensemester bei der Schering AG,
Abteilung Technikum, Berlin

11/2009 - 02/2010
Diplomarbeit bei Karl Meuser Anlagenbau GmbH, Berlin
Thema: Analyse und Projektierung einer Kunststoffschmelzanlage unter besonderer Berücksichtigung
sparsamer Energieverwendung
Abschluss: Diplom-Ingenieur Elektrotechnik mit
der Note »gut«

Auslandserfahrung
07/1997 - 07/1998
Produktionsmitarbeiter bei Sainsbury in Leeds/England
(Verbrauchermarktkette, 15.000 Mitarbeiter)

08/1998 - 10/1998
privater Auslandsaufenthalt Sydney, Australien

11/1998 - 09/2003
Gruppenleiter der Produktionseinheit für britische Produkte
(Maschinenspezialbau) bei Sainsbury, Manchester/England

Peter Panlow / E-Mail-Lebenslauf / 2. Version: ausführlichere Form bei gleichem Anschreibentext (Kommentar auf Seite 66)

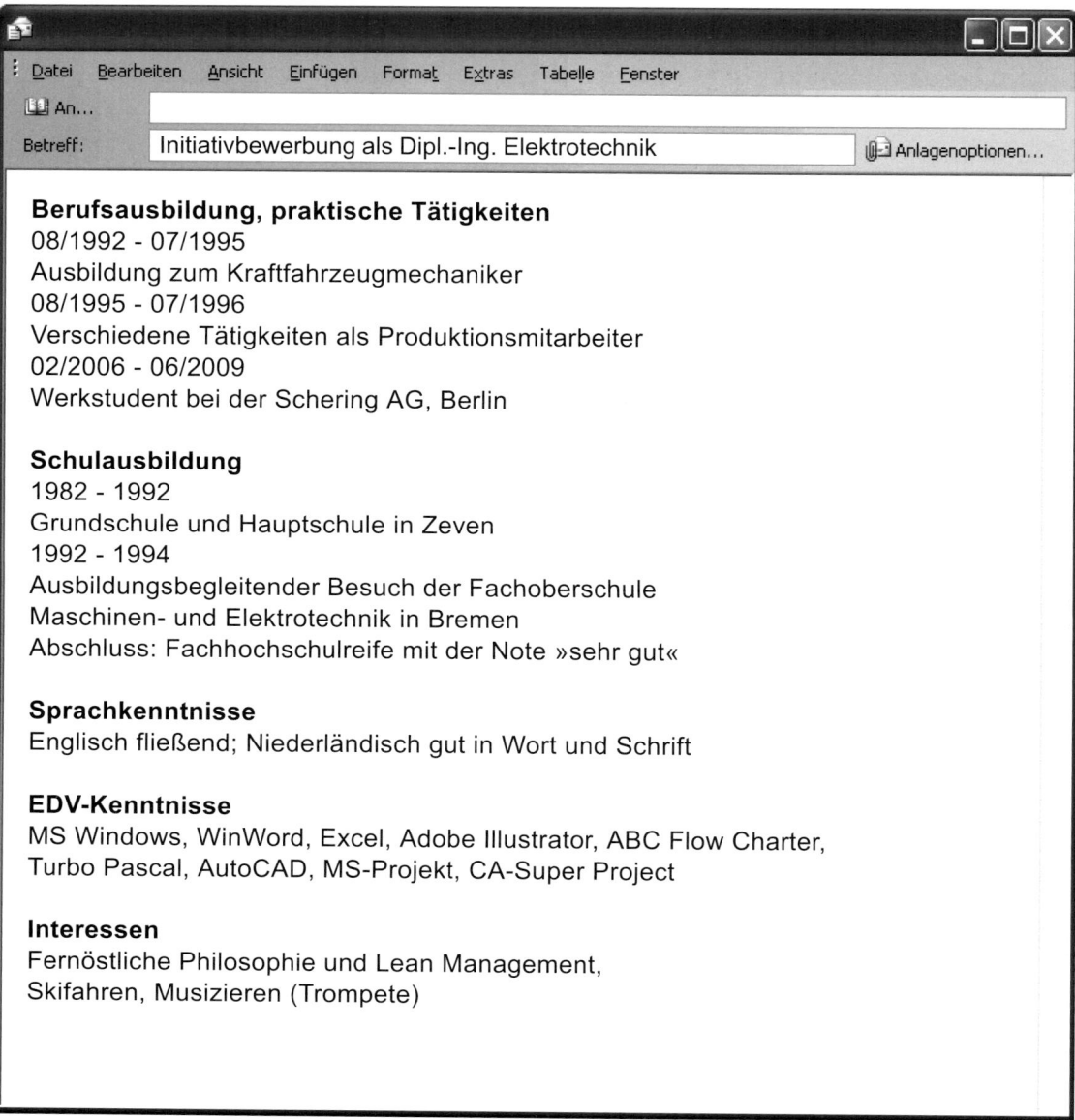

Datei **Bearbeiten** **Ansicht** **Einfügen** **Format** **Extras** **Tabelle** **Fenster**

An...

Betreff: Initiativbewerbung als Dipl.-Ing. Elektrotechnik Anlagenoptionen...

Berufsausbildung, praktische Tätigkeiten
08/1992 - 07/1995
Ausbildung zum Kraftfahrzeugmechaniker
08/1995 - 07/1996
Verschiedene Tätigkeiten als Produktionsmitarbeiter
02/2006 - 06/2009
Werkstudent bei der Schering AG, Berlin

Schulausbildung
1982 - 1992
Grundschule und Hauptschule in Zeven
1992 - 1994
Ausbildungsbegleitender Besuch der Fachoberschule
Maschinen- und Elektrotechnik in Bremen
Abschluss: Fachhochschulreife mit der Note »sehr gut«

Sprachkenntnisse
Englisch fließend; Niederländisch gut in Wort und Schrift

EDV-Kenntnisse
MS Windows, WinWord, Excel, Adobe Illustrator, ABC Flow Charter,
Turbo Pascal, AutoCAD, MS-Projekt, CA-Super Project

Interessen
Fernöstliche Philosophie und Lean Management,
Skifahren, Musizieren (Trompete)

Peter Panlow / E-Mail-Lebenslauf / 2. Version: ausführlichere Form bei gleichem Anschreibentext (Kommentar auf Seite 66)

Datei   Bearbeiten   Ansicht   Einfügen   Format   Extras   Tabelle   Fenster

An...

Betreff: | Initiativ-Bewerbung als Dipl.-Ing. Elektrotechnik | Anlagenoptionen...

Zu meiner Motivation

Als Elektroingenieur habe ich ein breites, vielleicht nicht
unbedingt typisches Interessenspektrum. Im Rahmen
meines Studiums wählte ich bewusst sehr unterschiedliche
Projekte, die hohe Anforderungen an meine Eigeninitiative
und Flexibilität stellten. Dabei entwickelte ich die Fähigkeit,
mich in kürzester Zeit in Projekte bzw. Prozesse
hineinzudenken, um auf der Basis einer fundierten Analyse
zielorientierte Konzepte zu entwickeln. Hier haben mir vor
allem meine Kommunikations- und Begeisterungsfähigkeit
sehr geholfen.

Bei meiner Arbeit geht es mir weniger um abstrakt-
wissenschaftliche als vielmehr um praktisch anwendbare
Konzepte und Lösungen vor dem Hintergrund einer
Kosten-Nutzen-Relation. Unternehmerisches Denken und
Handeln sind mir bestens vertraut.
Trotz großem Interesse an Teamarbeit bin ich auch gern
selbstständig tätig, mit einem hohen Anspruch an Gewissen-
haftigkeit und Präzision.
Last but not least: Ich halte mich für gut belastbar und
in einem angemessenen Maße für durchsetzungsfähig.

Berlin, 01.04.2010

Peter Panlow, Dipl.-Ing.

Düsseldorfer Straße 11, 10719 Berlin
Telefon: 030 / 881 29 40
E-Mail: peter.panlow@gmx.de

**Peter Panlow / Dritte Seite / 2. Version: ausführlichere Form bei gleichem Anschreibentext
(Kommentar auf Seite 66)**

Kommentar

Der Kandidat hat sich bei seiner Internetbewerbung für eine Kombination aus Anschreibentext und Lebenslaufdaten entschieden. Bei der Bewerbung via E-Mail sind einige Besonderheiten unbedingt zu berücksichtigen, will man einen positiven Eindruck beim Empfänger bewirken.

Zunächst hier sehr auffällig: die kurze Zeilenlänge. Grund: Da Sie nicht wissen können, wie sich der von Ihnen als E-Mail versendete Text auf dem Bildschirm bzw. im Ausdruck des Empfängers darstellt und liest, ist eine kurze Zeilen-»Komposition« nur von Vorteil. Hierbei gilt es wie immer, den Gedanken, die Botschaft gut im und mit dem Zeilenfluss zu transportieren, um dadurch das Leseverständnis zu fördern. Eine Anzahl von max. 60 Anschlägen pro Zeile ist dabei Orientierungsgröße, um diesen Effekt sicher zu erzielen.

Das ist dem Bewerber in diesem Beispiel außerordentlich gut gelungen. Der Aufbau des ersten, quasi **Anschreibentextes** ist kurz und bringt die Information bestens auf den Punkt. Die beiden Aufzählungen vermitteln auch dem schnellen Leser: Hier weiß einer, was er anzubieten hat und was er will. Mehr wäre fast schon gar nicht nötig, um aufseiten des Auswählers einen Anruf beim Absender zu erwirken, der eine Art Vor-Vorstellungsgespräch darstellen könnte oder gleich die Einladung (kann natürlich auch per E-Mail geschehen) zum »richtigen« Vorstellungsgespräch beinhaltet. Aber unser Kandidat bietet noch mehr an.

Denkbar wäre an dieser Stelle jetzt auch ein Attachment (ein Dateianhang) gewesen, das die **Lebenslauf**-Unterlagen beinhaltet, die typischerweise etwa drei bis fünf übliche Seiten. Diese sollen so gestaltet sein, wie man sie ausgedruckt normalerweise auf dem Postweg (klassisch) verschickt.

Gegen diese Vorgehensweise per Datenanhang spricht, dass viele Empfänger bei ihnen unbekannten Bewerbungs-E-Mails Angst haben, sie (und Attachments im Besonderen) zu öffnen, in Sorge vor versteckten Viren. Aus diesem Grund hat sich unser Kandidat für eine Kurzversion seines Lebenslaufes unter der Überschrift »Meine Daten« entschieden und sie sehr geschickt zusammengestellt. Da sich dieses Info-Angebot direkt an den ersten Text anschließt, kann man sicher davon ausgehen, dass es auch gelesen wird.

Wir stellen Ihnen hier zunächst die **erste Version** vor. Unter einer gut gewählten Überschrift (»Meine Daten«) präsentiert der Kandidat auf weniger als einer Seite (ausgedruckt) seine – durch Fettdruck schnell erkennbaren – Sozialdaten, Hochschulbildung, Auslandserfahrung, Berufsgrundausbildung sowie Sprach- und EDV-Kenntnisse. Den Abschluss bilden sein Name und die vollständige Absenderanschrift. Hier sind wirklich alle relevanten Daten gut übersichtlich zusammengestellt. Der gesamte Text ist linksbündig und Leerzeilen sowie die Fettdruck-Überschriften gliedern ihn einfach, aber effizient.

Leider bleiben Persönlichkeitsträger wie Interessen, Hobbys oder soziales Engagement dabei unberücksichtigt. Das ist aber nur der unbedingten Kürze geschuldet. Hier kann jeder seine eigenen Prioritäten setzen und immer noch etwas hinzufügen.

Als Alternative zu dieser knappen, aber präzisen Form betrachten wir die **zweite Version,** die deutlich ausführlicher ist (jetzt sind es zwei Seiten im Ausdruck).

Der **Anschreibentext** bleibt gleich. Hier ausführlicher zu werden bringt nicht viel. Wir haben ja den besonderen Textblock (»Zu meiner Motivation«), der – angelehnt an die Dritte Seite – noch einige zusätzliche und vor allem sehr persönlich gefärbte Informationen gut transportiert.

LERNTEST

**5. Lerntest: Bringen Sie die folgenden Antworten in die richtige Reihenfolge!
Das Allerwichtigste zuerst ...**

Ordnen Sie die Vorteile des Internets für Ihre Initiativbewerbung nach der Wichtigkeit.

a) der Austausch mit anderen Bewerbern
b) die Suche nach Hintergrundinformationen über Arbeitsmärkte
c) die Suche nach Informationen über Arbeitgeber
d) die Suche nach Kontaktpersonen in der Wunschfirma
e) die elektronische Kontaktaufnahme

Die richtige Lösung finden Sie auf Seite 71.

Lösung 4. Lerntest: c, d

Aufbau und Zeilengestaltung werden wie in der vorherigen Version gehandhabt. Jetzt kommen lediglich einige **Lebenslauf-,** Ausbildungs- und Berufsstationen hinzu. Beurteilen Sie selbst, inwieweit der Mehrgewinn an Informationen die Länge und Ausführlichkeit rechtfertigt.

Besondere Beachtung verdient sicherlich der ausführliche Textblock zur **Motivation,** der wirklich überzeugend formuliert ist. Wer kann da widerstehen und dem Kandidaten »die kalte Schulter zeigen«? Hier präsentiert sich jemand als praktisch veranlagt mit einer guten Portion Ambition, einem unternehmerischen Bewusstsein für Kosten-Nutzen-Relation, kurzum: zielorientiert. Das hat dann auch in der Realität nicht seine Wirkung verfehlt.

DIE EIGENE WEBSEITE

Ein Trend, der aus den USA kommt, ist, Bewerbungsinformationen auf der eigenen Webseite zur Verfügung zu stellen. Hier sind alle wesentlichen Informationen jederzeit abrufbar ins Netz gestellt. Ihrem potenziellen Arbeitgeber brauchen Sie dann nur noch die Webadresse mitzuteilen, unter der er sie sich in Ruhe ansehen kann.

So kurz mal nebenbei an einem Nachmittag lässt sich allerdings keine Webseite erstellen.

Falls Sie nicht über fundierte Kenntnisse im Programmieren verfügen – und wer hat die schon? –, können Sie Ihre Webseite auch mit Ihrer Textverarbeitung, z. B. Word, erstellen. Dann speichern Sie die Dokumente unter htm/html ab. Für eine einfache Webseite reichen diese Gestaltungsmöglichkeiten im Allgemeinen aus. Wenn Sie vorhaben, eine anspruchsvollere Webseite zu erstellen, helfen Ihnen spezielle Programme wie beispielsweise Microsoft FrontPage oder Dreamweaver.

Zur Veröffentlichung Ihrer Webseite im Netz brauchen Sie ein Passwort und ein Benutzerkennwort, das Sie von Ihrem Internetprovider erhalten. Eine spezielle Software zum Einstellen ins Netz erhalten Sie meist ebenfalls von Ihrem Provider.

Sie sollten sich genau überlegen, wen Sie damit ansprechen wollen.

Natürlich ist es gerade bei einer Webseite wichtig, dass sie gut gestaltet ist, allerdings geht es hier auch um den Inhalt.

Ihre Webseite sollte folgende Informationen enthalten:

- Die Kurzvorstellung – hier beantworten Sie folgende Fragen:
  - Wer bin ich?
  - Wo wohne ich?
  - Was mache ich beruflich?
  - In welchem Bereich liegt mein besonderes Know-how?
  - Welche Stelle strebe ich an?
  - Wie kann man mich telefonisch oder per E-Mail erreichen?
- Den Lebenslauf – achten Sie bei der Formatierung darauf, dass er ausgedruckt werden kann.
- Einen Bereich mit Zeugnissen – auch diese sollten so vorbereitet sein, dass sie gut ausgedruckt werden können.
- Evtl. eine Seite mit Arbeitsproben und/oder Referenzen.

Als Anleitung und Orientierung kann Ihnen auch das dienen, was wir auf S. 41 zu den Stellengesuchen aufgeführt haben.

Bewerbungswebseite von Rudolf Plaath

Lebenslauf   Zeugnisse   Arbeitsproben

- Hotelfachwirt
- derzeit: Bankettchef (internationaler Hotelkette)
- langjährige Erfahrung im Ausland (England, Japan)
- **Ziel:** Operation Manager in mittelgroßem Hotelbetrieb

E-Mail: r.plaath@gmx.de

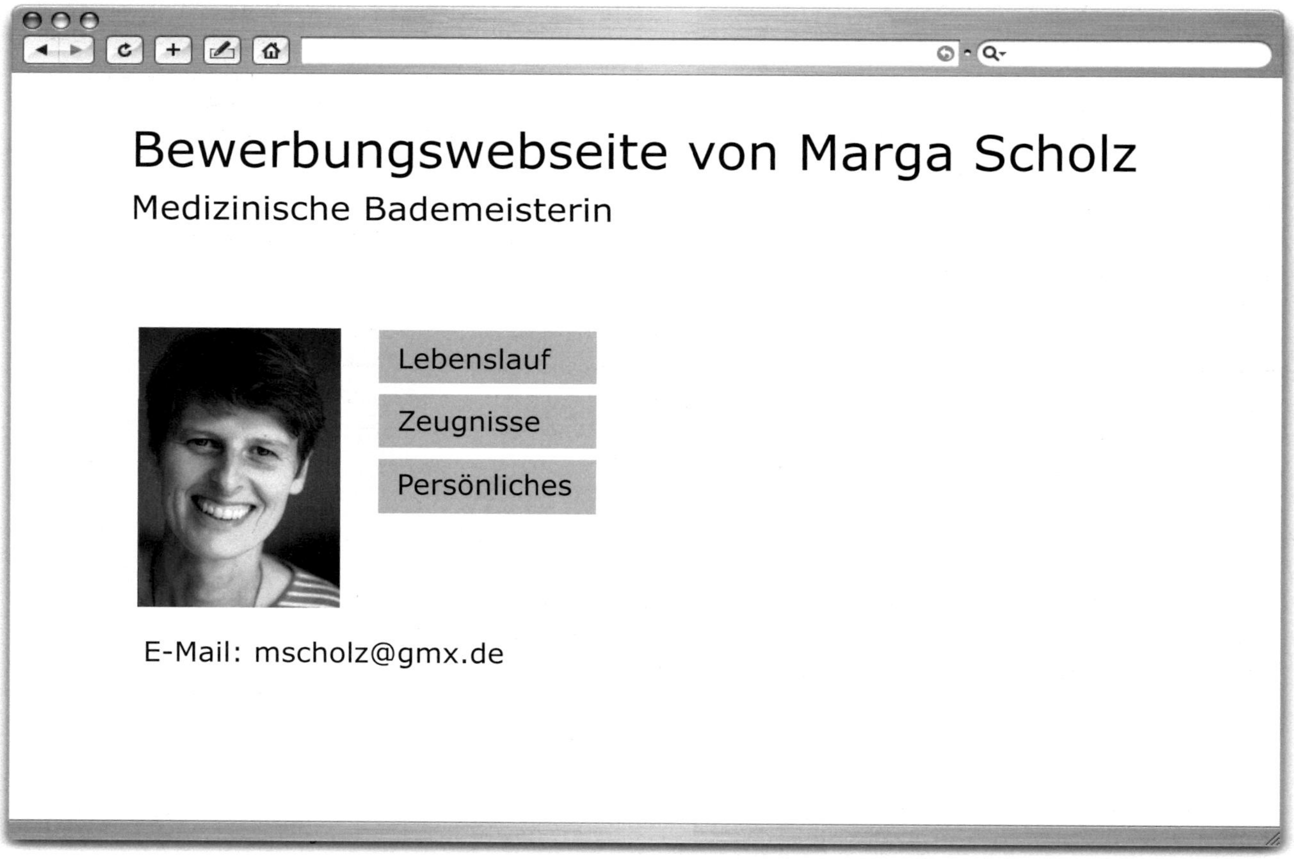

Bewerbungswebseite von Marga Scholz
Medizinische Bademeisterin

Lebenslauf

Zeugnisse

Persönliches

E-Mail: mscholz@gmx.de

Ihre Bewerbungsunterlagen

Bevor Sie Ihre Bewerbungsinitiative starten, sollten Sie die Unterlagen, mit denen Sie über Ihre Fähigkeiten Auskunft geben, so konzipiert haben, dass sie einen wirklich guten Eindruck machen – und das in allerkürzester Zeit.

Denn Ihre schriftliche Bewerbung soll Ihre Eintrittskarte zum Vorstellungsgespräch werden. Ein, zwei Blicke darauf müssen genügen, um Interesse auszulösen und den Wunsch, Sie kennenzulernen (vgl. Seite 40 »AIDA-Formel«).

Aber keine Angst, es ist gar nicht so schwer, wie es Ihnen jetzt vielleicht noch erscheinen mag, eine eindrucksvolle Bewerbungsmappe zu erstellen.

Zeit jedoch sollten Sie schon dafür aufbringen: Planen Sie etwa eine Woche ein, um Ihre Unterlagen auf Vordermann zu bringen. Dabei sollte Ihnen klar sein: Für jeden Arbeitsplatz, um den Sie sich bemühen, müssen Sie wahrscheinlich eine neue Bewerbungsmappe zusammenstellen – zumindest aber Ihren Lebenslauf »anpassen«.

Informieren Sie sich

Versuchen Sie sich so gut und gründlich wie möglich über das Unternehmen zu informieren, bei dem Sie sich bewerben. Dann haben Sie schon einen deutlichen Vorsprung gegenüber anderen Mitbewerbern.

- Fragen Sie bei der Pressestelle oder PR-Abteilung des Unternehmens, ob man Ihnen Informationsmaterial zusenden kann, oder bieten Sie an, es persönlich abzuholen.
- Nehmen Sie Kontakt mit der Industrie- und Handels- oder Handwerkskammer auf, und fragen Sie auch dort nach Informationen.
- Recherchieren Sie auch in Bibliotheken, und lesen Sie Zeitungsartikel und andere Veröffentlichungen über das Unternehmen.

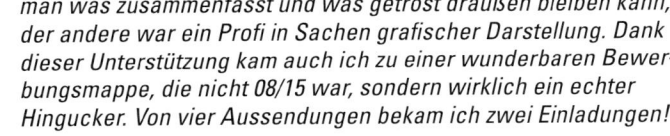

With a little help of our friends

Das größte Problem waren für mich die Bewerbungsunterlagen. Ich hatte einen richtigen »Ekel« davor, wusste aber auch, ohne geht es nicht. Meine Schwierigkeit bestand vor allem darin, für das, was ich alles mitteilen wollte, eine angemessene Form zu finden. Lange dokterte ich selbst daran herum, aber die Ergebnisse waren eher unbefriedigend. Schließlich halfen mir zwei Leute. Der eine hatte inhaltlich gute Ideen, insbesondere wie man was zusammenfasst und was getrost draußen bleiben kann, der andere war ein Profi in Sachen grafischer Darstellung. Dank dieser Unterstützung kam auch ich zu einer wunderbaren Bewerbungsmappe, die nicht 08/15 war, sondern wirklich ein echter Hingucker. Von vier Aussendungen bekam ich zwei Einladungen!

- Besuchen Sie die Internetpräsenz des Unternehmens.

Auf diese Weise werden Sie den Arbeitgeber mit Ihrem Engagement beeindrucken, denn nur wenige Bewerber zeigen ein so deutliches Interesse. Viele Kandidaten wissen so gut wie nichts über den Betrieb, das Unternehmen oder die Institution, in der sie sich bewerben.

Sie können sich auch bei Freunden erkundigen, ob diese jemanden kennen, der in besagter Firma arbeitet oder gearbeitet hat. Ein ungezwungenes Treffen, vielleicht eine Verabredung zum Kaffeetrinken, ist sicherlich ebenfalls ein guter Weg, sich über ein Unternehmen zu informieren (vgl. »Networking«, Seite 32).

Die Bewerbungsunterlagen
Ihre perfekte Bewerbungsmappe beinhaltet:

- das Anschreiben zur Bewerbung
- Ihren Lebenslauf (eigentlich Ihr beruflicher Werdegang)
- ein aktuelles Foto
- die Kopien Ihrer Zeugnisse und Bescheinigungen

Dazu können weitere Anlagen kommen: Bescheinigungen über besondere Fortbildungskurse, Seminare, evtl. eine Dritte Seite, manchmal eine Handschriftenprobe, in seltenen Fällen Referenzen/Empfehlungen.

DER AUFBAU IHRER BEWERBUNGSMAPPE

Hier zeigen wir Ihnen die besten Möglichkeiten, wie Sie Ihre Unterlagen zu einer Mappe zusammenstellen.

Die einfache Bewerbungsmappe

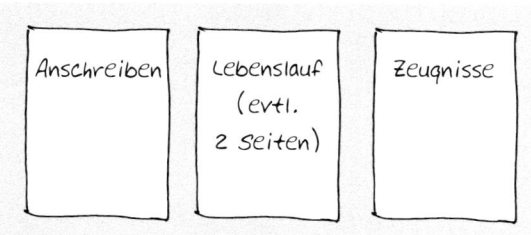

Das ist die allgemein übliche Form. Das Anschreiben, dann folgen ein oder zwei Seiten Lebenslauf, zum Schluss kommen die Anlagen: Zeugnisse und Bescheinigungen.

Eine ausführlichere Version

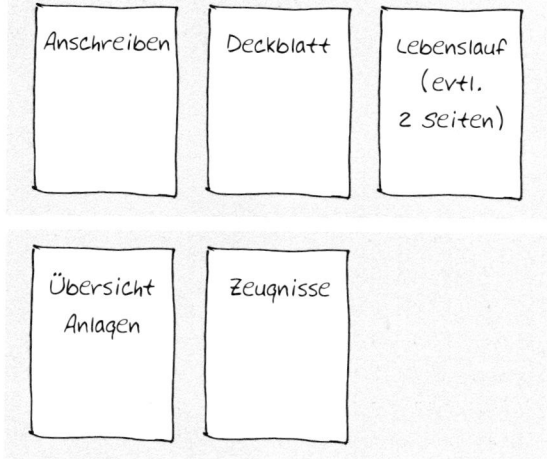

Dem Anschreiben folgt ein Deckblatt, danach der Lebenslauf und eine Übersicht über die Anlagen. Dann folgen die Zeugniskopien und Bescheinigungen.

Eine besondere Version

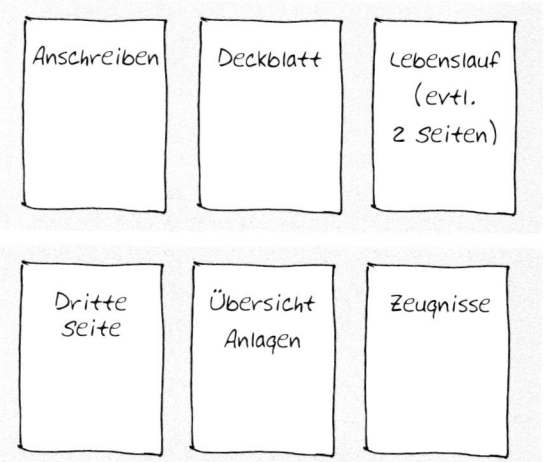

Nach dem Anschreiben folgt das Deckblatt, dann ein bis zwei Seiten Lebenslauf, danach die Dritte Seite (mehr dazu gleich), zum Schluss wieder eine Anlagenübersicht und die üblichen Anlagen.

Achtung! Das Anschreiben wird niemals in die Bewerbungsmappe eingeheftet. Es liegt immer lose, gesondert obenauf. Es verbleibt beim Empfänger, falls er Ihre Unterlagen zurückschickt.

Ihre Bewerbungsmappe kann lediglich zwei bis drei Seiten (plus Anlagen) dünn sein oder auch zehn Seiten und mehr umfassen. Alles ist erlaubt – aber es muss sinnvoll und übersichtlich angeordnet sein. Welche dieser Möglichkeiten für Sie die beste ist, können nur Sie selbst beurteilen:

- Sollen meine Unterlagen ein Deckblatt haben?
- Will ich dort schon ein Foto von mir platzieren?
- Habe ich so viele Anlagen, dass ich ein Anlagenverzeichnis beifügen möchte?
- Habe ich Besonderes mitzuteilen, das auf einer Dritten Seite Platz findet? usw.

Machen Sie für sich selbst eine Skizze, damit Sie entscheiden können, welche Variante für Sie infrage kommt und was Sie auf welcher Seite unterbringen wollen.

Sehen Sie sich auch die Beispiele in diesem Buch an. Dann wird Ihnen die Wahl vielleicht leichter fallen.

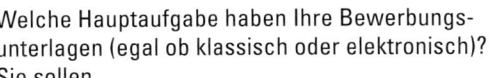

6. Lerntest: Ihr Wissensstand über die schriftliche Bewerbung

Achtung! Es können auch mehrere Antworten richtig sein.

Welche Hauptaufgabe haben Ihre Bewerbungsunterlagen (egal ob klassisch oder elektronisch)? Sie sollen ...

a) überzeugen
b) beeindrucken
c) eine Einladung zum Vorstellungsgespräch bewirken
d) eine Kontaktaufnahme mit Ihnen (Telefon, Mail, SMS) bewirken

Die richtige Lösung finden Sie auf Seite 85.

Lösung 5. Lerntest: c, b, d, e, a

DER LEBENSLAUF (BESSER: DER BERUFLICHE WERDEGANG)

Der Lebenslauf ist das »Herzstück« jeder Bewerbung. Am besten, Sie fangen damit an, denn den Lebenslauf brauchen Sie immer wieder.

Ein Personalchef wird sich bei Ihrem Lebenslauf vor allem für Ihren »beruflichen Werdegang« interessieren, weniger für Ihr »wirkliches« Leben oder Ihre allgemeinen Lebensumstände.

Deshalb: Stellen Sie Ihren Berufsweg so dar, dass er gut zum Unternehmen und den Anforderungen des von Ihnen angestrebten Arbeitsplatzes passt.

Bieten Sie etwas Besonderes
Durch welche Kenntnisse und Erfahrungen heben Sie sich von anderen möglichen Bewerbern ab? Vielleicht haben Sie ja einen Lkw-Führerschein, spezielle PC- oder Internetkenntnisse, bekleiden ein Ehrenamt, haben Auslandsaufenthalte vorzuweisen, haben ein interessantes Hobby oder beherrschen Fremdsprachen.

All diese Angaben sollten Sie möglichst gut an die Anforderungen des Jobs, für den Sie sich selbst empfehlen, anpassen. Vermeiden Sie dabei, zu sehr zu übertreiben. Das kostet Zeit und Kraft und lohnt sich sehr wahrscheinlich nicht!

Vergessen Sie beim Schreiben nicht: Wenn Sie zum Vorstellungsgespräch eingeladen werden, wird man Sie auf Ihren Lebenslauf ansprechen.

Der Inhalt

Zunächst sollten Sie alle notwendigen Daten zusammentragen.

Persönliche Daten
- Vor- und Zuname
- Anschrift mit Telefon und E-Mail-Adresse
- Geburtsdatum und -ort
- evtl. Staatsangehörigkeit
- Familienstand (»verheiratet« oder »unverheiratet« reicht aus)
- ortsunabhängig/mobil/Reisebereitschaft

Ihre Staatsangehörigkeit geben Sie nur an, wenn Sie die deutsche Staatsbürgerschaft nicht haben oder wenn Sie einen ausländisch klingenden Namen tragen.

Dazu können weitere freiwillige Angaben kommen:

- Zahl und Alter der Kinder (besser nur, wenn die Kinder schon älter sind)
- Religionszugehörigkeit – nur wenn Sie sich um eine Stelle bei einer kirchlichen Einrichtung bewerben, sonst ist das eher nicht üblich
- Name und Beruf des Ehepartners (wenn er in der gleichen Branche arbeitet)
- Name und Beruf der Eltern sind nur noch bei sehr jungen Bewerbern üblich (unter 20-Jährige)

Ihre Schulausbildung

- Schultypen und Ort
- Schulabschluss (bei jüngeren Bewerbern evtl. mit Abschlussnote)
- alle Informationen mit Zeitangabe in Jahren

Berufsausbildung

- Ausbildungsberuf
- Abschluss mit Berufsbezeichnung (evtl. mit Hinweis auf besonderen Erfolg)
- Ausbildungsfirma/-institution, (evtl. mit Ortsangabe)
- alle Informationen mit Zeitangaben

Berufspraxis

- Arbeitgeber mit Ortsangaben
- Berufsbezeichnung
- Position und Aufgabenbereich, evtl. mit Kurzbeschreibung und Erfolgen
- wenn Tätigkeiten länger als zehn Jahre zurückliegen, nur grob benennen, zusammenfassen oder weglassen, außer wenn sie von wesentlicher Bedeutung sind
- alle Informationen mit Zeitangaben

Praktika

- Angaben wie oben, wenn Sie sie nicht schon bei der Berufspraxis angeführt haben, diese dürfen aber keine fünf Jahre zurückliegen.

Was Sie noch anführen sollten

Damit sich ein Personalchef ein gutes Bild von Ihnen machen kann, sollten Sie noch etwas mehr von sich selbst erzählen. Geben Sie praktische Tätigkeiten an, berufliche und außerberufliche Weiterbildungen. All diese Angaben sollten eine sinnvolle Ergänzung zu der Stelle sein, auf die Sie sich bewerben. Wenn Sie sich z.B. um eine Stelle als Sekretärin bemühen, dann macht es sich gut, wenn Sie einen Kurs für die neuesten Textverarbeitungsprogramme absolviert haben.

Mit Sonderinformationen runden Sie das Bild ab, das Sie von Ihrer Persönlichkeit geben möchten. Dazu gehören Ihre besonderen Kenntnisse, Hobbys und Interessen.

Weiterbildung

- berufliche Kurse, Seminare, Workshops (wenn sie für Ihre zukünftige Arbeit von Bedeutung sind), jeweils mit Veranstalter und Titel/Inhalten
- außerberufliche Kurse (wenn sie für Ihre zukünftige Arbeit von Bedeutung sind, z.B. Sprachkurse oder Kurse zu Arbeitstechniken), jeweils mit Veranstalter und Titel/Inhalten

Besondere Kenntnisse

- Fremdsprachen (möglichst mit Angaben, ob fließend, Grundkenntnisse usw.)
- EDV-/PC-Kenntnisse (Bereiche, z.B. Textverarbeitung, eventuell die Programmbezeichnung)
- Führerschein mit Klasse

Sonderinformationen

- Auslandsaufenthalt (ab drei Monaten)
- bei Männern: Wehr- oder Ersatzdienst (damit schließen Sie Lücken in Ihrem Lebenslauf)
- bei Frauen: Familienphase/Kindererziehung (damit schließen Sie Lücken in Ihrem Lebenslauf)

Hobbys/Interessen, ehrenamtliche Tätigkeiten

- können entscheidend sein, um ein Bild Ihrer Persönlichkeit zu zeigen
- sollten halbwegs zur Bewerbung um diesen Arbeitsplatz und zu den Persönlichkeitsmerkmalen, die man sich von einem zukünftigen Stelleninhaber wünscht, passen. Beispiele: Buchhalterin – Sammlerin, Kfz-Mechaniker – Hobbybastler, Sachbearbeiter – Schachspieler, Fremdenführer – Theaterfan …

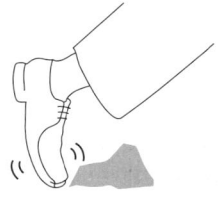

GEFAHREN

Die 6 größten Gefahren

1. Die Phase der Vorbereitung zu unterschätzen, nicht ernsthaft genug die Recherche über Unternehmen und Markt zu betreiben
2. An ganz kleinen dummen, auch formalen Fehlern zu scheitern
3. Zu außergewöhnlich kreative oder zu langweilige Bewerbungsunterlagen zu erstellen
4. Zu selbstverliebt rüberzukommen
5. Zu schnelles Aufgeben, zu geringe Frustrationstoleranz
6. Bei seinem Vorhaben Opfer der eigenen »Flüchtigkeit« und »Unkonzentriertheit« zu werden

Formales

Der Lebenslauf muss vor allem gut strukturiert und schnell verständlich sein. Er wird tabellarisch mit dem PC oder der Schreibmaschine geschrieben. Sehr häufig: In der ersten Spalte stehen Datums- bzw. Zeitangaben, in der zweiten führt man die ausgeübte Tätigkeit bzw. Beschäftigung an.

Mit der Hand wird ein Lebenslauf heute eigentlich nur noch auf ausdrücklichen Wunsch geschrieben, aber Ausnahmen bestätigen die Regel – soll heißen:

Wenn Sie eine sehr schöne, gut lesbare Handschrift haben, dürfen Sie es sogar per Hand machen. Besser nicht alles, sondern nur Teile – wichtig ist, dass Sie sogar an dieser Stelle ziemlich frei in Ihrem Gestaltungsspielraum sind.

Die Länge
Ein Lebenslauf ist eine bis höchstens drei Seiten lang (in Ausnahmen auch vier). Die Regel, dass er nur eine Seite lang sein darf, gilt schon lange nicht mehr! Und dennoch: Bei Ihrer Initiativbewerbung sollten Sie darauf achten, sich auch hier möglichst kurz zu fassen.

Die Zeitangaben
Bei den Zeitangaben können Sie unterschiedliche Formen wählen. Liegt die angegebene Tätigkeit mehr als fünf Jahre zurück, reichen zumeist Jahreszahlen, bei späteren Beschäftigungen können Sie die Monate und Jahre (z. B. 3/1999 – 7/2001 oder März 1999 – Juli 2001) angeben.

Die Unterschrift
Am Ende des Lebenslaufs stehen Ort und Datum ohne »den« (also z. B. Berlin, 15. August 2010), entweder getippt oder handgeschrieben. Darunter unterschreiben Sie den Lebenslauf, traditionell in blauer Tinte und halbwegs leserlich. Das wird häufig vergessen oder ist nicht im Bewusstsein des Bewerbers. Leider ein ziemlich schlimmer Fehler. Mit der Unterschrift signalisieren Sie: Ich stehe zu diesen Angaben.

Das Foto
Das Foto kann traditionell oben rechts festgeklebt werden. Mehr zum Foto finden Sie auf Seite 86. Seine Wirkung als Sympathieträger kann gar nicht bedeutend genug eingeschätzt werden – es ist sehr wichtig für Ihre Initiativbewerbung.

Die Gliederung

Es hat sich bewährt, den Lebenslauf in unterschiedliche Themenblöcke aufzuteilen. Diese sind:

- Berufspraxis
- Berufsausbildung
- Schulausbildung
- zusätzliche Kenntnisse (z. B. Sprachen, Computer)

Diese einzelnen Themen lassen sich unterschiedlich anordnen:

- Sie können mit Ihrer heutigen Arbeitssituation beginnen und in der Zeit zurückgehen. Diese Form hat sich noch nicht ganz durchgesetzt, wird aber immer häufiger gewählt. Sie ist für Ihre Initiativbewerbung günstiger, denn so können Sie gleich den Blick auf Ihre heutige Tätigkeit lenken. Aus- und Schulbildung erscheinen weniger wichtig. Schließlich bekommen Sie den Job, weil Sie aktuell oder im Laufe Ihrer bisherigen Karriere etwas Besonderes geleistet haben.
- Oder Sie können als ersten Punkt Ihre Schulausbildung anführen, dann auf spätere Ausbildungen und am Ende zur aktuellen beruflichen Station kommen. Diese Anordnung eignet sich immer dann, wenn Sie sich bei sehr konservativen Firmen bewerben.

Wichtig ist, dass Sie die einmal gewählte Anordnung (also mit den zurückliegenden Zeiten anfangen und dann bis heute weitergehen oder auch umgekehrt) möglichst beibehalten.

Wie gesagt, Ihr Lebenslauf ist das »Herzstück« Ihrer Bewerbung. Passen Sie ihn deshalb an die Besonderheiten und die Anforderungen der angestrebten Arbeitsstelle an.

⭐ Checkliste: Lebenslauf

Haben Sie …

○ sich eine sinnvolle Abfolge der Lebenslaufdaten überlegt – von der Vergangenheit zur
Gegenwart oder umgekehrt?

○ eine sinnvolle Themenauswahl
wie Berufstätigkeit, Ausbildung, sonstige
Fähigkeiten, Interessen etc. getroffen?

○ klare Aussagen, Botschaften bezüglich Ihres
Könnens, Ihrer Leistungsbereitschaft und
Ihrer persönlichen Wesensart gemacht?

○ ein sympathisches Foto eingefügt?

○ alle wichtigen persönlichen Kontaktdaten
aufgeführt wie Adresse, Handy, E-Mail?

○ die Darstellung Ihrer wichtigsten Tätigkeiten
und Erfolge pro Job gut und informativ aufbereitet?

○ darauf geachtet, dass Ihre Daten lückenlos
wirken?

○ einen roten Faden in Ihrer beruflichen
Entwicklung erkennen lassen?

○ an Infos zu Ihrer Weiterbildung (z. B. Fach-
messebesuche, Kurse, Fachzeitschriften)
gedacht?

○ sonstige Kenntnisse (z. B. EDV, Sprachen,
Führerschein) berücksichtigt?

○ Ihre Unterschrift, Ort und Datum nicht
vergessen?

○ Ihren Lebenslauf kritisch und sehr sorgfältig
gegenlesen lassen?

ACHTUNG!

**Folgende Informationen gehören nicht
in den Lebenslauf:**

* Referenzen oder der Hinweis »Referen-
zen verfügbar«
* Gehalt oder Gehaltsforderungen
* Interessen und Sport, wenn überhaupt
keine Verbindung zum Beruf besteht
oder sich Nachteile für Ihre berufliche
Tätigkeit daraus ergeben könnten
* Mitgliedschaften, dito
* Zahl der Kinder, Gesundheit, Alter, Hautfarbe, Nationalität,
Berufe der Eltern, Parteizugehörigkeit

Tipps für Mütter

Wenn die Erziehungszeiten Ihrer Kinder eine deutliche Lücke im Lebenslauf erzeugen, beschreiben
Sie diese Zeit selbstbewusst als Familienphase.
Sie haben dabei wichtige Fähigkeiten erworben,
die auch im Berufsleben eine Rolle spielen, z. B.
Zeitmanagement, Motivationsvermögen und Belastbarkeit.

Tipps für »ältere« Bewerber

Wenn Sie über 45 Jahre alt sind, geben Sie bei
Schule, Ausbildung usw. nur den Abschluss an.
Falls Sie Sport treiben, erwähnen Sie dies un-
bedingt bei Hobbys/Interessen. Damit beweisen
Sie, dass Sie Power und Durchhaltevermögen ha-
ben und fit und belastbar sind.

Lebenslaufvarianten

Grundsätzlich gibt es zwei Möglichkeiten, wie Sie
Ihren Lebenslauf chronologisch gliedern können.
Etwa die Hälfte der Bewerber orientiert sich an
der Variante, die von der Vergangenheit bis hin zur
Gegenwart (also von der Schulbildung bis zur
derzeitigen beruflichen Tätigkeit) den Werdegang
präsentiert. Sie können aber auch mit der Gegenwart beginnen und auf der Zeitachse zurückgehen. Diese Form erfreut sich immer größerer Be-
liebtheit und ist auch sinnvoll. Denn: Interessant
ist doch, was Sie jetzt gerade in der Gegenwart
machen, und nicht, was und wie Sie etwas vor
20 Jahren angegangen sind.

Andere Varianten arbeiten mit Oberbegriffen.
Sie gliedern Ihre Karriere nach Themenschwer-
punkten und nicht nach zeitlicher Abfolge. Hier
gibt es drei mögliche Variationen, die zielgerichtete, die funktionale und die kreative Form.

Vier Hauptformen (oder auch Varianten/Ver-
sionen genannt) der Lebenslaufgestaltung lassen
sich demnach heute unterscheiden und sind in
den Personalauswahletagen bekannt:

* chronologisch
* funktional
* zielgerichtet
* kreativ

Jetzt zeigen wir Ihnen für jede Form die Vor- und
ggf. auch Nachteile kurz auf und verdeutlichen an
ein und demselben Beispiel, wie so etwas aussehen kann.

Auf einem Deckblatt (das wir Ihnen hier nicht
zeigen) sind Foto und die wichtigsten Sozialdaten
bereits abgehandelt.

Hanna Teptow
Warschauer Allee 33
19053 Schwerin
Telefon: 0385 335533

Verkäuferin im Kfz-Bereich:
Zehnjährige Erfahrung in Verkauf, Kundenbetreuung und Verkaufsförderung.

Erfahrung

seit 2000	**Auto Ersatzteile Burger, Schwerin**

Technische Angestellte/Gewährleistungssachbearbeiterin
- Abwicklung von Gewährleistungs- und Kulanzanträgen
- Systemunterstützende Antragsbearbeitung am Terminal
- Prüfungen von Schadensteilen/Qualitätsanalyse
- Koordinierung von Rückrufen verschiedener Hersteller
- Regressierung abgelehnter Gewährleistungsteile
- Kunden- und Lieferantenmanagement

1998–1999   halbjährige Familienpause

1995–1998   **ADAC, Hamburg**
Kaufmännische Mitarbeiterin
- Mitgliederbetreuung
- Koordination der Zusammenarbeit mit DEKRA und TÜV
- Messestandbetreuung
- Unterstützung der Organisation von Messeauftritten, Rallyes und dem ADAC-Jahresball in Hamburg

1991–1994   **Kröner-Metallhandel, Hannover**
Industriekauffrau für Maschinenbau
- Bestellung von Maschinenbauteilen aus Stahl und Kunststoff
- Fakturierung und Auslieferung an Kunden
- Bestandspflege und Kundenneuakquise

Ausbildung

2003   Fortbildung Vertrieb und Marketing
(Marketingakademie Mecklenburg-Vorpommern)

2001   Fortbildung Qualitätsmanagement
TÜV Hamburg

1988–1991   Ausbildung zur Industriekauffrau
Cottbus

1978–1988   Rosa-Luxemburg-Schule, Cottbus
Abschluss Mittlere Reife

Hanna Teptow

Der chronologische Lebenslauf (Kommentar auf Seite 77)

Hanna Teptow
Warschauer Allee 33
19053 Schwerin
Telefon: 0385 335533

Verkäuferin im Kfz-Bereich:
Zehnjährige Erfahrung in Verkauf, Kundenbetreuung und Verkaufsförderung.

Produktmanagement:　　　Qualitätssicherung, Verhandlungsführung mit Lieferanten

Mitarbeit bei der Erweiterung der Produktpalette

sehr gute Kenntnis des Ersatzteilangebots für Pkw und
Nutzfahrzeuge (besonders der Marken Toyota, Opel, Mercedes)

Kundenbetreuung:　　　Abwicklung von Gewährleistungs- und Kulanzanträgen,
Steigerung der Kundenzufriedenheit

Mitarbeiterführung:　　　zuständig für die Einarbeitung neuer Mitarbeiter und die
Umsetzung von Konzepten zur Kundenbetreuung

Marketing:　　　Planung, Durchführung und Analyse von Verkaufsmaßnahmen,
konzeptionelle Mitarbeit bei der Einführung neuer Produkte

Laufbahn

Technische Angestellte/Gewährleistungssachbearbeiterin
Auto Ersatzteile Burger, Schwerin　　　　　seit 2000

Kaufmännische Mitarbeiterin
ADAC, Hamburg　　　　　1995–1998

Industriekauffrau für Maschinenbau
Kröner-Metallhandel, Hannover　　　　　1991–1994

Ausbildung: Industriekauffrau

Hanna Teptow

Der chronologische Lebenslauf

Im chronologischen Lebenslauf werden die einzelnen Karriereschritte nach dem Datum geordnet.

Wir stellen Ihnen hier gleich die Variante B vor. Sie stellt die aktuelle, relevante berufliche Position, von der aus man sich für die neue Position bewirbt, an den Anfang. Die sogenannte Variante A dagegen fängt mit der Grundschule an, um dann nach vielen langen Zeilen (und Lesezeit) endlich zu wichtigeren Stationen zu kommen.

Wenn Sie mit Ihrer aktuellen Arbeitsstelle anfangen, heben Sie die jüngsten Erfahrungen besonders hervor und weisen auf die wachsende Verantwortung hin. Zu jeder aufgeführten Position sollten Sie folgende Angaben machen: Namen und Standort des Unternehmens, Beschäftigungszeitraum, Berufsbezeichnung, Verantwortungsbereiche und Erfolge.

Vorteile

- Es ist einfach, einen chronologischen Lebenslauf zu schreiben.
- Da diese Form seit Langem die gebräuchlichste ist, sind Arbeitgeber mit ihr vertraut.
- Man erkennt sofort Ihre Fortschritte in Ihrem Spezialgebiet und Ihre wachsende Verantwortung.
- Wenn Sie lange Zeit in einem Unternehmen gearbeitet haben und mehrmals befördert worden sind, ist das auch ein Zeichen für Erfolg und Zuverlässigkeit.

Nachteile

- Falls Sie Ihre Arbeitsstelle häufig gewechselt haben, zeugt das von Instabilität und muss erklärt werden.
- Jede Beschäftigungslücke tritt deutlich hervor.
- Wenn Sie den Beruf oder die Richtung gewechselt haben, wird man Ihnen unter Umständen Ziellosigkeit vorwerfen.
- Ihre größten Erfolge sind in einzelnen Karriereschritten versteckt; Ihre besten Eigenschaften treten nicht deutlich genug hervor.
- Wenn Ihre letzte Beschäftigung ein Ausrutscher in Ihrer Karriere war, wird man Sie ausgerechnet mit ihr in Verbindung bringen, da sie in Ihrem Lebenslauf ganz oben steht.

Der funktionale Lebenslauf

Im funktionalen Lebenslauf ordnen Sie Ihre Leistungen und Berufserfahrung in Bezug auf Funktion und Verantwortung und interessieren sich nur am Rande für die zeitliche Einordnung.

Vorteile

- Falls Sie innerhalb kurzer Zeit häufig Ihre Stelle gewechselt haben, können Sie im funktionalen Lebenslauf Ihre Kenntnisse und Erfahrungen besonders hervorheben und so von den Stellenwechseln ablenken.
- Wenn es keine Beziehung zwischen Ihrer letzten Stelle und der angestrebten Position gibt, können Sie im funktionalen Lebenslauf den Schwerpunkt auf frühere Erfahrungen legen.
- Sollte Ihr letzter Job im Vergleich zu früheren anspruchslos gewesen sein, hält der funktionale Lebenslauf das im Hintergrund.
- Der funktionale Lebenslauf erlaubt es Ihnen, verschiedene Leistungen so zusammenzustellen, dass man Ihr Fachwissen erkennen kann. Der Arbeitgeber bekommt einen Überblick, ob Ihre Kenntnisse den Erfordernissen der ausgeschriebenen Stelle entsprechen, ohne an Titel oder frühere Positionen zu denken.

Nachteile

- Arbeitgeber und Personalchefs sind an die chronologische Gliederung Ihres Lebenslaufes gewöhnt. Wer von dieser Form abweicht, könnte Verwirrung und Misstrauen hervorrufen.
- Es ist nicht einfach, einen funktionalen Lebenslauf zu gestalten. Außerdem muss er für jede einzelne Stelle neu gegliedert werden.
- Sie müssen aufpassen, dass in Ihrem Lebenslauf genau das steht, was Sie sagen wollen. Überprüfen Sie, ob er die Fragen »Welche Stärken hebe ich hervor?« und »Wie kann der Arbeitgeber mich einsetzen?« beantwortet.
- Unter Umständen wird man im Vorstellungsgespräch doch noch den genauen zeitlichen Verlauf Ihrer Karriere hören wollen.

Hanna Teptow
Warschauer Allee 33
19053 Schwerin
Telefon: 0385 335533

Zehnjährige Erfahrung in Verkauf, Kundenbetreuung und Verkaufsförderung
* konzeptionelle Mitarbeit bei der Einführung neuer Produkte
* Unterstützung der Verkaufsleitung bei der Entwicklung verkaufsfördernder Maßnahmen
* Mitarbeit an der Erweiterung der Produktpalette
* sehr gute Kenntnis des Ersatzteilangebots für PKW und Nutzfahrzeuge
  (besonders der Marken Toyota, Opel, Mercedes)

Ich bin eine vielseitige Fachverkäuferin im Bereich Kfz und Maschinenbau. Aus meiner täglichen Praxis sind mir Planung, Durchführung und Analyse von Verkaufsmaßnahmen bestens vertraut. Als erprobter Verkaufsprofi liegt mir die Kundenzufriedenheit besonders am Herzen.

Erfolge

* Steigerung der Kundenzufriedenheit
* Rückgang der Reklamationen um 10 %
* selbstständige Verhandlungsführung mit Lieferanten
* Einarbeitung neuer Mitarbeiter
* Kunden- und Lieferantenmanagement

Erfahrung

Auto Ersatzteile Burger, Schwerin Technische Angestellte/Gewährleistungssachbearbeiterin Leitung des Bereichs Qualitätskontrolle und Gewährleistungsansprüche	seit 2000
ADAC, Hamburg Kaufmännische Mitarbeiterin verantwortlich für die Mitgliederbetreuung und -akquise, Mitarbeit bei Werbemaßnahmen, z. B. Messeauftritte und Großveranstaltungen	1995–1998
Kröner-Metallhandel, Hannover Industriekauffrau für Maschinenbau Einkauf von Maschinenbauteilen, Controlling	1991–1994

Ausbildung

Fortbildung Vertrieb und Marketing (Marketingakademie Mecklenburg-Vorpommern)	2003
Fortbildung Qualitätsmanagement TÜV Hamburg	2001
Ausbildung zur Industriekauffrau Cottbus	1988–1991
Rosa-Luxemburg-Schule, Cottbus Abschluss Mittlere Reife	1978–1988

Hanna Teptow

Der zielgerichtete Lebenslauf (Kommentar auf Seite 80)

Hanna Teptow Warschauer Allee 33 19053 Schwerin
Telefon: 0385 33553 oder 0167 7638800

Meine Lebensphilosophie
Der Kunde ist König

Ich bin
eine vielseitige Fachverkäuferin im Bereich Kfz- und Maschinenbau. Ich kenne mich bestens aus beim Ersatzteilangebot für Pkw und Nutzfahrzeuge (besonders der Marken Toyota, Opel, Mercedes).

Ich habe
mehr als eine Stärke, meine wichtigste aber ist eine hohe Kommunikationsfähigkeit, die mir in meinen Aufgabenbereichen Kundenbetreuung und -akquise sehr zugutekommt. Aus meiner täglichen Praxis sind mir Planung, Durchführung und Analyse von Verkaufsmaßnahmen bestens vertraut.

Ich will
eine neue berufliche Herausforderung im Bereich Marketing und Verkauf. Meine organisatorischen Fähigkeiten möchte ich besonders bei der Vorbereitung und Durchführung von medienwirksamen Promotion-Aktionen zur Einführung neuer Pkw-Modelle nutzen.

Erfahrungshintergrund

seit 2000 **Auto Ersatzteile Burger, Schwerin**
Technische Angestellte/Gewährleistungssachbearbeiterin
- Abwicklung von Gewährleistungs- und Kulanzanträgen
- Systemunterstützende Antragsbearbeitung am Terminal
- Prüfungen von Schadensteilen/Qualitätsanalyse
- Koordinierung von Rückrufen verschiedener Hersteller
- Regressierung abgelehnter Gewährleistungsteile
- Kunden- und Lieferantenmanagement

1995–1998 **ADAC, Hamburg**
Kaufmännische Mitarbeiterin
- Mitgliederbetreuung
- Koordination der Zusammenarbeit mit DEKRA und TÜV
- Messestandbetreuung
- Unterstützung bei der Organisation von Messeauftritten, Rallyes und dem ADAC-Jahresball in Hamburg

1991–1994 **Kröner-Metallhandel, Hannover**
Industriekauffrau für Maschinenbau
- Bestellung von Maschinenbauteilen aus Stahl und Kunststoff
- Fakturierung und Auslieferung an Kunden
- Bestandspflege und Kundenneuakquise

1988–1991 Ausbildung in Cottbus zur Industriekauffrau

Hanna Teptow

Der kreative Lebenslauf (Kommentar auf Seite 80)

Der zielgerichtete Lebenslauf

Mit dieser Mischung aus chronologischer und funktionaler Form lassen sich die besten Ergebnisse erzielen. Oben steht eine beeindruckende Einleitung, die die Aufmerksamkeit des Lesers sofort auf sich zieht. In diesem ersten Abschnitt stellen Sie Ihre Leistungen zu Funktionsgruppen zusammen und setzen Ihre größten Erfolge in Bezug zu der angestrebten Position.

Vorteile
- Ihre Stärken stehen im Mittelpunkt.
- Der zielgerichtete Lebenslauf ist sehr flexibel.
- Er maximiert Ihre Chancen, das Interesse des Lesers zu wecken.
- Sie können Ihren Lebenslauf ohne Qualitätsverlust an die ausgeschriebene Stelle anpassen.
- Der zielgerichtete Lebenslauf erlaubt es Ihnen, inhaltlich und formal originelle Ideen zu präsentieren.
- Sie können die Aufmerksamkeit des Lesers gezielt auf Ihre Stärken lenken.
- Im zielgerichteten Lebenslauf können Sie zeigen, wie Sie mit Ihren Leistungen die Aufgaben im Unternehmen bewältigen wollen.
- Sie haben die Möglichkeit, sich nach bewährten Marketingregeln zu beschreiben.

Nachteil
- Das Erstellen des zielgerichteten Lebenslaufes verlangt Erfahrung.

Der kreative Lebenslauf

Diese vierte Variante gibt Ihnen den meisten Spielraum. Sie entscheiden nach reiflicher Überlegung, was Sie Ihrem Gegenüber vermitteln wollen und welche Darbietungsweise angemessen und auch am besten geeignet ist. Auch wenn Sie bei diesem Stil sehr innovativ sein dürfen: Wer zu sehr von der Norm abweicht, riskiert, nicht ernst genommen zu werden.

Vorteile
- Der kreative Lebenslauf ist besonders flexibel einsetzbar, z. B. als Anhang, als ein Extra etc.
- Sie entscheiden sehr frei über das Wie und Was.
- Dadurch haben Sie ganz andere Chancen, den Leser neugierig zu machen.
- Ohne Qualitätsverlust können Sie ihn an die angestrebte Stelle anpassen.
- Sie haben es in der Hand, die Aufmerksamkeit des Lesers optimal zu lenken.

Nachteile
- Das Erstellen des kreativen Lebenslaufes ist eine besondere Herausforderung und kostet Sie vielleicht sehr viel Zeit.
- Er stellt eine schmale Gratwanderung zwischen »noch möglich« und »schon wieder unmöglich« dar, mit der Gefahr abzustürzen.
- Nicht jeder Leser wird Ihre Kreativleistung zu würdigen wissen.

DAS ANSCHREIBEN

Das Anschreiben liegt zwar lose oben auf Ihrer Bewerbungsmappe, trotzdem ist es meist nicht das Erste, was ein Personalchef liest.

Am besten, Sie machen es ähnlich: Schreiben Sie zuerst die anderen Unterlagen, Ihren Lebenslauf, ggf. eine Dritte Seite etc. Danach haben Sie wahrscheinlich ein besseres Gefühl dafür, was Sie im Anschreiben noch sagen möchten.

Wichtig beim Anschreiben ist, dass es auf den ersten Blick übersichtlich und klar ist. Verwenden Sie kurze, klare Sätze, und drücken Sie sich freundlich und sachlich, aber auch selbstbewusst aus.

Formales

An unseren Beispielen haben Sie sicherlich schon gesehen, dass es gerade beim Anschreiben viele verschiedene Möglichkeiten gibt. Aber einige Formalitäten sollten Sie auf jeden Fall einhalten.

- Als Erstes auf der Seite steht Ihr Name mit Adresse, Telefonnummer, evtl. Handynummer und E-Mail-Adresse. Der Absender kann als Block links oder rechts stehen oder als Kopfzeile angeordnet sein.
- Darunter folgt links als Block der Name der Firma, Ihr Ansprechpartner, dann die Anschrift.
- Danach kommt rechts eine Zeile mit Ort und dem aktuellen Datum.
- Dann folgt die Betreffzeile. Hier weisen Sie auf Ihre Initiativbewerbung hin oder auch auf ein eventuell bereits geführtes (telefonisches) Gespräch. Früher stand davor: »Betr.«, heute ist das absolut nicht mehr üblich.
- Die Anrede lautet »Sehr geehrte Frau ...« oder »Sehr geehrter Herr ...« Unbedingt den Namen herausfinden und die Person direkt ansprechen, darunter darf dann auch die Formel »Sehr geehrte Damen und Herren« stehen, falls davon auszugehen ist, dass sich noch weitere Personen mit Ihrer Bewerbung beschäftigen, diese vorprüfen etc.

Das Anschreiben sollte wirklich nicht länger sein als eine DIN-A4-Seite. Am besten sind fünf bis sechs oder ein paar mehr Sätze. Schreiben Sie die wichtigsten Argumente auf, die für Ihr Mitarbeitsangebot sprechen. Aber vergewissern Sie sich, dass alles Wichtige auch in Ihrem Lebenslauf auftaucht. Das Anschreiben hat nämlich nur eine untergeordnete Funktion, selbst hier bei Ihrer Initia-

tivbewerbung. Es ist Ihr sogenannter Lebenslauf (besser: beruflicher Werdegang), der die wichtigsten Weichen stellt.

Die Gliederung

Ganz wichtig ist die Gliederung. Sie sollten Ihre Aussagen zu den verschiedenen Themen in Textblöcke unterteilen.

Im ersten Absatz: Was bieten Sie dem Unternehmen an?

Sagen Sie hier etwas zum Aufgabengebiet, Arbeitsort und Arbeitgeber.

Ihr Einstieg sollte so gestaltet sein, dass der Leser neugierig wird und »dranbleiben« will. Erzeugen Sie Spannung und wecken Sie Interesse. Vermeiden Sie das langweilige »Hiermit bewerbe ich mich um ...«.

Der zweite Absatz: Was ist Ihr beruflicher Hintergrund? Welches sind Ihre wichtigsten persönlichen Eigenschaften?

Hier können Sie auf Ihre bisherigen Erfahrungen und Leistungen eingehen. Zählen Sie hier nicht einfach Adjektive wie »sorgfältig« oder »engagiert« auf. Beschreiben Sie kurz eine Situation, bei der Sie diese Eigenschaften schon bewiesen haben – also z. B. Engagement, Geduld, Belastbarkeit oder Teamgeist.

Wenn Sie bloß behaupten, Sie seien die geeignete Person für eine Stelle, nützt das wenig. Die meisten Personalchefs werden nämlich von solchen Behauptungen eher abgeschreckt. Besser, Sie versuchen zu zeigen, welchen besonderen Nutzen der Arbeitgeber von Ihrer Mitarbeit hätte.

Der letzte Absatz

Besonders wichtig ist, wie Sie Ihr Anschreiben abschließen. Schreiben Sie, dass Sie interessiert an einem persönlichen Gespräch sind. Verwenden Sie dabei nicht die Möglichkeitsform (also: »ich freue mich …« oder »ich bin interessiert …«, nicht: »ich würde mich freuen, wenn …« oder »ich wäre interessiert …«). »Mit freundlichen Grüßen« ist heute die übliche Abschiedsformel. Sie können aber auch »Mit besten Grüßen« abschließen. Vielleicht fügen Sie noch den Zusatz »aus (Wiesbaden, München oder wo immer Sie wohnen)« an. »Hochachtungsvoll« als Abschiedsgruß ist total veraltet und unmöglich!

Die Unterschrift

Sie unterschreiben Ihr Anschreiben möglichst mit blauer Tinte (Füller oder mit einem hochwertigen Stift, besser nicht mit Kugelschreiber). Vor- und Zuname (bitte nicht K. Müller, sondern Katja Müller) sollten leserlich sein. Darunter auf keinen Fall noch einmal Ihren Namen tippen! (Der steht ja schon im Absender.)

PS

In einem PS können Sie nochmals auf sich und Ihr Anliegen aufmerksam machen. Ein PS (schon ziemlich außergewöhnlich!) fällt garantiert ins Auge und wird sofort gelesen.

Die eventuell beigelegten Zeugnisse und Bescheinigungen werden nicht einzeln aufgeführt. Hier genügt das Wort »Anlagen«.

Und noch etwas: Keiner erwartet, dass Sie Ihr Anschreiben *nicht* maschinenschriftlich verfassen! Wenn Sie jedoch eine klare, gut leserliche Handschrift haben, dürfen Sie diese (hoffentlich kurze Seite!) auch handschriftlich präsentieren (wir haben in unseren *Büros für Berufsstrategie* damit große Erfolge bei Positionen mit einem Jahreseinkommen von über 150.000, aber auch von deutlich unter 25.000 Euro gehabt).

⭐ Checkliste: Anschreiben

Haben Sie …

- ○ Ihren persönlichen Briefkopf (Ihren Absender) vollständig gestaltet mit Namen, Adresse, Telefon, ggf. Handy, E-Mail-Adresse …?
- ○ die Empfängeranschrift korrekt und möglichst personalisiert eingefügt?
- ○ Ort- und Datumszeile korrekt platziert?
- ○ eine sofort ansprechende Betreffzeile formuliert?
- ○ berücksichtigt, dass Ihr Anschreiben lesefreundlich ist? (Schriftgröße 11–13, Schrifttyp nicht zu ausgefallen, Seitenrand angemessen breit, ca. 4 cm links und ca. 3 cm rechts, keine »Löcher« in den Zeilen oder an deren Ende, keine vollgeschriebene »Bleiwüste«, sondern strukturierte und eher kurze »leicht bekömmliche« Absätze)
- ○ einen interessanten, nicht zu langen Einstieg gefunden, gefolgt von Ihrer Motivation und Ihrem Leistungsangebot?
- ○ Ihren beruflichen und persönlichen Hintergrund gelungen kurz dargestellt, ohne zu über-, aber auch zu untertreiben?
- ○ verdeutlicht, wofür Sie stehen, beruflich wie auch als Mensch und zukünftiger Mitarbeiter?
- ○ die Quintessenz auf den Punkt bringen können, die Ihr Mitarbeitsangebot ausmacht?
- ○ eine sympathische Abschluss-Grußformel ausgewählt?
- ○ unterschrieben (Vor- und Zuname, keine maschinenschriftliche Wiederholung)?
- ○ evtl. ein sinnvolles PS als echten Hingucker angeführt?
- ○ an die Anlagen (allein das Wort »Anlagen« unten stehend reicht bereits) gedacht?
- ○ berücksichtigt, dass das Anschreiben lose oben auf der Bewerbungsmappe liegt?
- ○ Ihr Anschreiben kritisch und sehr sorgfältig gegenlesen lassen?

Peter Pischer   Am Wallgraben 2   20201 Hamburg   Tel. 040 3542612

Ihr Sanitärfachmann

Herrn
Anton Sturm
Sanitärhaus Sturm
Burgallee 135
21205 Hamburg

Hamburg, 29.09.2010

Vielen Dank für das freundliche und informative Telefonat heute früh, 8.15 Uhr

Sehr geehrter Herr Sturm,

Ihre Ausführungen haben mich darin bestärkt, Ihnen meine Bewerbungsunterlagen gleich
persönlich vorbeizubringen.

Nach meiner Ausbildung zum Gas-/Wasserinstallateur (Abschlussnote: gut)
habe ich fünf weitere Jahre in meinem Ausbildungsbetrieb gearbeitet.
Während dieser Zeit wurde ich sowohl mit Aufgaben der Altbausanierung betraut
als auch in unserem Verkaufsgeschäft in der Müllerstraße bei der Kundenberatung
und im Verkauf eingesetzt.

Der Umgang mit der Kundschaft hat mir immer sehr viel Spaß gemacht und ich denke
von mir sagen zu können, dass ich ein gewisses **Verkaufstalent** habe. Da wir ein
Kleinbetrieb waren, hat mich mein Chef von Anfang an stark gefordert und mir eine
sehr selbstständige Arbeitsweise abverlangt. Diese habe ich - wie Sie aus meinem Arbeitszeugnis entnehmen können - auch **zu seiner vollsten Zufriedenheit** erfüllt.

Bedingt durch den Konkurs meines Arbeitgebers aufgrund eines Großkunden,
der selbst in Zahlungsschwierigkeiten gekommen war, musste ich mich um eine
andere Tätigkeit zur Überbrückung bemühen.
Diese fand ich kurz darauf als **Hausmeister und handwerkliche Allroundkraft.**
Hier habe ich nicht nur meine Flexibilität und Einsatzstärke erneut unter Beweis gestellt,
sondern konnte auch meine sonstigen handwerklichen Fähigkeiten weiter ausbauen.
Zusätzlich habe ich mich auch in dieser Zeit beruflich fortgebildet, wie Sie den beigefügten
Anlagen entnehmen können.

Es würde mich freuen, Sie in einem Vorstellungsgespräch von meiner Qualifikation zu
überzeugen. **Eine Arbeitsaufnahme könnte dann sehr schnell erfolgen.**

Mit freundlichen Grüßen

Peter Pischer

PS: Diese Bewerbungsunterlagen erstelle ich auf meinem eigenen PC (Modell XXX),
sodass ich Ihre Anforderungen diesbezüglich sicher erfüllen kann.

Anlagen

Paul Pfeifer

Rückerstraße 56
10119 Berlin
Tel.: 030 2573684
E-Mail: pfeifer@t-online.de

Dialog Com Systems GmbH
Niederlassung Hannover
Herrn Runge
Bornholmer Weg 5
30457 Hannover

Berlin, 24.10.2010

Initiativbewerbung als Netzwerksystemspezialist

Sehr geehrter Herr Runge,

wie Presseveröffentlichungen zu entnehmen ist, hat sich die Dialog Com Systems GmbH in den letzten Jahren zu einem führenden Unternehmen im Bereich der Telekommunikation, speziell ISDN und TDSL, entwickelt. Sie zählt zu den besten europäischen Herstellern von Netzwerk-Controllern und -Anwendungen für Personalcomputer.

In einem Gespräch auf der CeBIT erfuhr ich von Ihrem Mitarbeiter Herrn Born, dass Sie ein Projekt zum Consumer Markt planen. Eine Mitarbeit an diesem Projekt interessiert mich sehr und wäre eine große Herausforderung für mich. Ich bin überzeugt, dass ich mit meinen Kenntnissen und Erfahrungen einen signifikanten Beitrag zur Durchführung dieses Projektes und damit zur Weiterentwicklung Ihres Unternehmens leisten kann.

Nach meinem Abschluss als Studienrat mit den Fächern Mathematik und Physik (1999) habe ich bei der Siemens Nixdorf Informationssysteme AG eine erfolgreiche Weiterbildung zum Netzwerksystemspezialisten absolviert. Seit 2001 war ich in verschiedenen Unternehmen der Softwarebranche beschäftigt. Daher verfüge ich über eine langjährige Erfahrung in der Betreuung von Netzwerken. Zu meinen Fachkenntnissen gehören die Installation, Systemverwaltung und Netzprogrammierung von UNIX-, Windows- und Win-NT-Netzwerken. Ich habe Erfahrung mit den Programmiersprachen C++, C#, Java, Delphi, HTML und bringe fundierte Englischkenntnisse in Wort und Schrift mit.

Als meine besonderen persönlichen Stärken empfinde ich:
➜   meine konzeptionelle und analytische Denkweise,
➜   meine Ausdauer und Beharrlichkeit,
➜   meine teamorientierte und effiziente Arbeitsweise und
➜   meine besondere Stressresistenz.

Für alle weiteren Auskünfte stehe ich Ihnen gerne in einem persönlichen Gespräch zur Verfügung.

Mit freundlichen Grüßen

Paul Pfeifer

Anlagen

Paul Pfeifer / Anschreiben (Kommentar auf Seite 85)

Kommentar zum Anschreiben von Peter Pischer

Die Briefkopfzeile mit den Absenderdaten ist interessant gestaltet. Der Zusatz »Sanitärfachmann« ist ein echter Hingucker und erzeugt Aufmerksamkeit. Eventuell hätte noch eine E-Mail-Adresse hinzugefügt werden können.

Das Datum ist in der richtigen Form präsentiert und die Betreffzeile sehr pointiert formuliert. Durch das Vorabtelefonat hat der Bewerber den richtigen Ansprechpartner herausgefunden und konnte die Anrede persönlich formulieren. Das erhöht die Chancen, mit seiner Initiativbewerbung Erfolg zu haben.

Der Inhalt des Anschreibens wirkt überzeugend, da Herr Pischer gekonnt die Argumente vorbringt, die für ihn sprechen. Auch vermeidet er eine ungeschickte Aussage über seine aktuelle Arbeitslosigkeit. Sein Angebot, die Bewerbungsunterlagen persönlich vorbeizubringen, zeugt von Engagement und Entschlossenheit.

Stilistisch ist es ein gelungener Text (keine »Hänger« oder ständigen »Ich«-Satzanfang-Wiederholungen), der vielleicht nur ein bisschen zu lang ist. Die Gliederung (Absatzgestaltung) ist klar und sinnvoll strukturiert, und die Zeilenführung unterstützt den Inhalt positiv, da es keine unglücklichen Umbrüche gibt.

Die optische Gestaltung ist recht raffiniert, da der Bewerber die wichtigsten Textstellen fett geschrieben, unterstrichen oder farblich (hellgrau) hervorgehoben hat. Der Leser erfasst so auf den ersten Blick alle relevanten Informationen.

Das PS am Ende ist ein besonders gut gelungener, überzeugender Hinweis, der sich auf das Telefonat und die Nachfrage nach PC-Kenntnissen bezieht.

Einschätzung: Sehr gut! Vom Vorabtelefonat über das mutig entschlossene persönliche Vorbeibringen bis zum gelungenen PS. Kaum besser zu machen, wenngleich die Länge vielleicht etwas kürzer sein könnte.

Kommentar zum Anschreiben von Paul Pfeifer

Bei diesem Beispiel fällt der erste Blick zweifellos auf die Kopfzeile, die ein ausgeprägtes Selbstbewusstsein erkennen lässt. Passend zum Arbeitsgebiet EDV ist die Schrifttype (modern, serifenlos) gewählt.

Bei dieser persönlich adressierten Initiativbewerbung hat sich der Kandidat zuvor gezielt über das Unternehmen informiert und schafft somit einen positiven Einstieg für sein Anliegen. Über die persönliche Kontaktaufnahme mit einem Vertreter des Unternehmens während einer Messe stellt er einen Bezug zum Adressaten her und bringt anschließend seine mögliche Mitarbeit bei einem innovativen Projekt geschickt ins Gespräch.

Im nachfolgenden Absatz erläutert der Bewerber – für eine Initiativbewerbung recht ausführlich – seine Erfahrungen und Fachkenntnisse. Schließlich stellt er in prägnanter Form durch hervorstechende Aufzählungszeichen seine Stärken dar und schließt mit einer verbindlichen Schlussformel.

Einschätzung: Auch hier ein geschickt gewählter Einstieg und eine selbstbewusste Darstellung, die einen entschlussfreudigen Kandidaten erkennen lässt.

---

7. Lerntest: Ihr Wissensstand über die schriftliche Bewerbung

Bei Ihrer Initiativbewerbung ist die Bedeutung des Anschreibens …

a) nicht so wichtig
b) wichtiger als sonst
c) das Wichtigste überhaupt

Die richtige Lösung finden Sie auf Seite 87.

Lösung 6. Lerntest: c, d

IHR FOTO – ZEIGEN SIE SICH VON IHRER BESTEN SEITE

Ihr Foto sagt viel mehr über Sie aus, als Sie sich vielleicht vorstellen können! Viele Personalentscheider behaupten, darin Kontaktfähigkeit, Entschlusskraft, Anpassungsbereitschaft und andere Eigenschaften erkennen zu können. Es ist auch der entscheidende Sympathieträger.

Zu Ihrem Fototermin ziehen Sie sich so an, wie es zu dem angestrebten Arbeitsumfeld und Arbeitsplatz passt, um den Sie sich initiativ bewerben. Denken Sie daran, dass Ihr Haar ordentlich frisiert ist, evtl. schminken Sie sich dezent. Ihr Erscheinungsbild muss gepflegt wirken, und Sie sollten gut gelaunt zum Fototermin erscheinen. Lächeln Sie bei der Aufnahme (denken Sie an etwas Schönes). Machen Sie einen entspannten, freundlichen und selbstbewussten Eindruck!

Dazu verabreden Sie sich unbedingt mit einem professionellen Fotografen. Wählen Sie einen guten Fotografen aus, der sich Zeit für Sie nimmt. Er kann Ihnen vielleicht auch Tipps zum Stil Ihrer Kleidung, zu Frisur, Make-up usw. geben, die zu Ihrem angestrebten Job passen. Am besten lassen Sie ein Porträtfoto machen. Damit zeigen Sie mehr von Ihrer Persönlichkeit als mit einem typischen Pass- oder Bewerbungsfoto. Aus den Kontaktabzügen können Sie dann später das geeignete Bild aussuchen. Fragen Sie auch Freunde danach, welches Foto sie für das beste halten.

Auch wenn Sie bereits ein passendes, sehr schönes Foto von sich haben: Ihr Foto sollte möglichst nicht älter als ein Jahr sein.

Das Formale

Sie können ein Farb- oder ein Schwarz-Weiß-Foto verwenden. Wir schlagen eine Schwarz-Weiß-Aufnahme vor, denn so wirken Sie seriöser. Und so kann es auch nicht passieren, dass Sie beispielsweise nur deshalb schlecht rüberkommen, weil dem Personalchef der grüne Hintergrund nicht gefällt, vor dem Sie sitzen.

Wenn Sie ein Farbfoto wählen, achten Sie auf dezente Farben bei Kleidung und evtl. Make-up.

Beim Format des Fotos gibt es keine festen Regeln. Es sollte aber mindestens 6 x 4,5 cm oder 6 x 6 cm (quadratisch) groß sein. Oder vielleicht versuchen Sie es auch mit einem Querformat, wenn Sie ein wenig »aus dem Rahmen fallen« wollen.

Ihr Foto bekommt etwas Besonderes, wenn es leicht angeschnitten ist. Bei Bildern, auf denen zum Beispiel nicht Ihr gesamter Haarschopf zu sehen ist, kommt das Gesicht besonders gut zur Geltung. Sie könnten es aber auch mit einem Porträt versuchen, auf dem noch ein Teil Ihres Oberkörpers zu sehen ist. Mit einem solchen Foto strahlen Sie Dynamik aus.

Sehr gute Fotokopien (Digitalkopien) oder hervorragende Ausdrucke (Laserdrucker) von Fotos dürfen Sie verwenden. Das ist inzwischen allgemein akzeptiert.

Wohin kommt das Foto?

Üblicherweise wird das Foto rechts oben (evtl. auch links oben) auf die erste Seite des Lebenslaufs geklebt. Auf die Fotorückseite schreiben Sie vorsichtig mit Bleistift Ihren Namen. Dann kann es auch zugeordnet werden, wenn sich der Kleber löst.

Wenn Ihr Lebenslauf schon recht viele Daten enthält, ist es besser, wenn Sie das Foto auf das Deckblatt kleben. Denn auf der ersten Seite Ihrer Bewerbung können Sie damit eine größere Wirkung erzielen.

Die Bewerberin lächelt und zeigt dabei deutlich ihre Zähne. Der Glaube, auf einem Bewerbungsfoto dürfe man nicht lachen und schon gar nicht seine Zähne zeigen, ist Quatsch! Das gewählte Bildformat ist eher klassisch, der Anschnitt (Kopf) dagegen schon recht modern. Insgesamt etwas dunkel und dadurch auch geheimnisvoll, sicher aber ein Hingucker!

Ein interessantes Bildformat, quadratisch, etwas angeschnittener Kopf und ein zurückgenommenes Lächeln, aber trotzdem sehr sympathisch!

Ein stark auf das Gesicht konzentriertes Foto, das den Betrachter sicher einen guten Augenblick darauf verweilen lässt. Sehr schlankes Bildformat.

Sehr neu ist diese Art des Triptychons, eine Aneinanderreihung von Porträtfotos, die beim Betrachter so präsentiert garantiert für hohe Aufmerksamkeit sorgen wird. Hier eine dunkle und eine helle Version. Sicher alles auch immer Geschmackssache, Sie entscheiden, was zu Ihnen passt.

⭐ Checkliste: Foto

○ Gehen Sie ausgeruht und entspannt zum Fototermin.
○ Nehmen Sie am besten verschiedene Kleidungsstücke mit, die zu Ihren potenziellen Arbeitgebern passen könnten.
○ Schminken Sie sich nur dezent-natürlich und verzichten Sie auf auffällige Accessoires.
○ Seien Sie gut frisiert und makellos rasiert.
○ Überlegen Sie, ob Sie Schwarz-Weiß- oder Farbfotos erstellen lassen sollten (Schwarz-Weiß-Fotos wirken auf den Betrachter laut Untersuchungen sympathischer).
○ Wählen Sie am besten ein Format etwa von 6 × 4 cm (= etwas größer als ein normales Passfoto).
○ Lächeln Sie oder machen Sie ein freundliches Gesicht.
○ Wie immer gilt: Sympathie und Dynamik sind wichtiger als Schönheitsideale!

LERNTEST

8. Lerntest: Offene Fragen zur schriftlichen Bewerbung

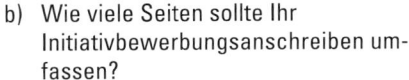

a) Was ist das Wichtigste bei Ihrer Initiativbewerbung?
b) Wie viele Seiten sollte Ihr Initiativbewerbungsanschreiben umfassen?
c) Sie versenden eine klassische papierene Initiativbewerbungsmappe. Wie häufig unterschreiben Sie?

Die richtige Lösung finden Sie auf Seite 91.

Lösung 7. Lerntest: b

Kommentierte
Bewerbungsbeispiele

Michael Hoffmann
Lindenallee 40
04123 Leipzig

0341 997739
michael.hoffmann@yahoo.de

geb. 22.06.1994

Meffert Zweiräder   Leipzig, 18.02.2010
Reiner Meffert
Luxemburger Straße 3
04105 Leipzig

Bewerbung um einen Ausbildungsplatz als Kfz-Mechatroniker

Sehr geehrter Herr Meffert,

ich freue mich, dass Sie Interesse an meiner Initiativbewerbung haben!
Unser Telefonat am 16.02. hat meinen Wunsch, bei Ihnen eine Ausbildung
zu machen, noch einmal verstärkt.

Sie gewinnen ➡ mit mir einen Auszubildenden, der von Zweirädern
seit seiner Kindheit begeistert ist. Ich informiere mich seit Jahren durch
Zeitschriften und Messen über technische Neuheiten auf diesem Gebiet und
verbringe sehr gerne meine Freizeit mit der Pflege meines Rollers.

Michael Hoffmann ➡ in Kürze: Ich bin 15 Jahre alt (bei Antritt der
Ausbildung wäre ich 16) und besuche zurzeit die Carl-von-Linné-Realschule.
Im Sommer dieses Jahres werde ich dort meine Mittlere Reife machen.

Als Auszubildenden ➡ werden mich meine Zuverlässigkeit, Sorgfalt,
Freundlichkeit sowie mein Spaß und die Geschicklichkeit im Umgang mit
Mechanik und Elektronik auszeichnen.

Ich freue mich, wenn Sie mich zu einem persönlichen Gespräch einladen.

Mit freundlichen Grüßen

Michael Hoffmann

Michael Hoffmann / Anschreiben (Kommentar auf Seite 91)

Michael Hoffmann
Lindenallee 40
04123 Leipzig

0341 997739
michael.hoffmann@yahoo.de

geb. 22.06.1994

L eidenschaft	➜	**Zweiräder**
E rfahrung	➜	**Besitz und Pflege von Motorrädern seit 3 Jahren**
B erufswunsch	➜	**Kfz-Mechatroniker**
E ltern	➜	**Heinz Hoffmann, Autoschlosser** **Helga Hoffmann, Arzthelferin**
N otendurchschnitt	➜	**2,5**
S chulabschluss	➜	**Mittlere Reife, Sommer 2010**
L ieblingsfächer	➜	**Physik, Sport**
A ußerschulische Interessen	➜	**Zweiräder mit Motorantrieb, Fußball im Verein**
U nd sonst?	➜	**... besuche ich gerne Messen für Motorräder**
F it für die Ausbildung?	➜	**... bin ich und möchte Sie gerne davon überzeugen!**

Leipzig, 18.02.2010

Michael Hoffmann

Michael Hoffmann / Lebenslauf (Kommentar auf Seite 91)

Michael Hoffmann – Auszubildender

Um bei seinem Traumarbeitgeber einen Ausbildungsplatz zu bekommen, hat Michael sich einiges einfallen lassen. Jedenfalls sieht seine Bewerbung alles andere als langweilig aus. Geradezu Bewegung vermittelt er auf den zwei Seiten, und die grafische Gestaltung ist alles andere als unauffällig. In der Kopfzeile platziert Michael ein – für eine Bewerbung – ungewöhnliches Foto, daneben seine Adressdaten und auf gleicher Höhe eine Zeichnung eines Motorrads. So sieht der Empfänger der Bewerbung sofort, um was es bei Michaels Initiativbewerbung geht – noch bevor er eine Zeile gelesen hat. Das zweite kreative Gestaltungselement sind die Pfeile. Eine gute Idee, dass sie auf beiden Seiten auftauchen und so einen bildhaften Zusammenhang herstellen. Außerdem wirken die Pfeile dynamisch und zielgerichtet – damit trifft Michael unserer Meinung nach in jedem Fall direkt ins Schwarze …

Auch beim Anschreiben hat sich Michael etwas einfallen lassen: »Sie gewinnen Michael Hoffman als Auszubildenden« – die Botschaft kommt schnell und deutlich an. Das originelle Spiel mit Worten setzt er auf der zweiten Seite fort, wo er »Lebenslauf« nicht als Überschrift, sondern wie eine Abkürzung verwendet, die er nun Buchstabe für Buchstabe auflöst.

Dieser Lebenslauf ist eine kreative Mischung aus klassischem Lebenslauf und Dritter Seite und weckt spontan Aufmerksamkeit und damit Interesse. Wenn Herr Meffert dann die kompletten Bewerbungsunterlagen anfordert, wird Michael den Lebenslauf noch einmal mit vollständigen Angaben versehen und ein wenig umgestalten.

In seinem Anschreiben erwähnt Michael ein vorab geführtes Telefonat, so kann sich Herr Meffert sofort an seinen ersten Kontakt mit Michael erinnern und die Bewerbung persönlich zuordnen – das schafft in jedem Fall Pluspunkte.

Abschließend lässt sich sagen, dass Michael Hoffmann mit dieser ideenreichen und aufwendigen Initiativbewerbung vollen Einsatz zeigt. Es ist mehr als deutlich, dass er sich richtig viele und auch originelle Gedanken gemacht hat. So wird deutlich, dass er sehr an diesem Ausbildungsplatz interessiert ist. Einen so engagierten jungen Menschen will Herr Meffert bestimmt in einem persönlichen Gespräch näher kennenlernen. Wenn Michael dabei genauso überzeugt wie mit seiner Initiativbewerbung, dürfte aus seinem Traumausbildungsplatz schnell Realität werden.

Lösung 8. Lerntest:
a) Antwort: Das gut durchdachte (Mitarbeits-)Angebot, und dann vielleicht Ihr (Sympathie mobilisierendes) Foto!
b) Antwort: Möglichst nur eine und die nicht zu vollgeschrieben. In seltenen Fällen dürfen es auch mal anderthalb sein. Aber Vorsicht: Oft ist weniger mehr!
c) Antwort: Mindestens zweimal, im Anschreiben und im Lebenslauf.

YVONNE HARTWIG

ALEX-STR. 44 A, 67551 WORMS

Wilma & Fred KG
Herrn Arno Bastian
Hochstr. 3
67547 Worms

Worms, 12.10.2010

Initiativbewerbung als Bürokauffrau/Sekretärin

Sehr geehrter Herr Bastian,

Sie planen, Ihr Team zu verstärken? Ich möchte gerne meinen Teil dazu beitragen!

Meine dreijährige Ausbildung zur Bürokauffrau habe ich im Mai erfolgreich
abgeschlossen. Bei mehreren Praktika habe ich mein Können in SAP,
Publisher, MS Word und Excel unter Beweis gestellt. Meine soliden Kenntnisse
in Sekretariatswesen, Finanz- und Personalbuchhaltung, Rechnungslegung,
Wareneinkauf sowie Lagerhaltung konnte ich mit großer Einsatzfreude anwenden.

In meinem noch recht kurzen Arbeitsleben wurden vor allem meine Freundlichkeit,
Zuverlässigkeit, Belastbarkeit und mein Fleiß sehr geschätzt. Kundenorientierung
und ausgeprägtes Teamverhalten haben für mich einen hohen Stellenwert.
Ich bin hoch motiviert, eine neue berufliche Herausforderung anzunehmen.

Sie möchten mehr über mich erfahren? Dann laden Sie mich zu einem persönlichen
Gespräch ein!

Mit freundlichen Grüßen

Yvonne Hartwig

Anlagen

... und noch etwas, ich bin zwar Optimistin, aber ...

für den Fall, dass Ihr Unternehmen sich nicht für mich
und mein Angebot entscheiden kann, verzichte ich bewusst
auf die Rücksendung dieser Unterlagen, um Ihnen
Kosten und Mühe zu ersparen ...
Darf ich davon ausgehen, dass Sie meine Unterlagen
dann vernichten?

VIELEN DANK!

Yvonne Hartwig / Anschreiben (Kommentar auf Seite 96)

Bewerbung

bei der Wilma & Fred KG
Herrn Arno Bastian

YVONNE HARTWIG

BÜROKAUFFRAU

Alex-Str. 44 A
67551 Worms
Tel. 0789 45631
0170 235567
YvoH@gmx.de

Yvonne Hartwig / Deckblatt (Kommentar auf Seite 96)

LEBENSLAUF

Zur Person

Yvonne Hartwig
geboren am 01.09.1989 in Worms
ledig, keine Kinder, ortsungebunden

BERUFLICHER WERDEGANG

09/2010–10/2010   **Praktikum als Sekretärin**
in der Knigger & Partner GmbH, Worms
- Korrespondenz
- Terminierung der Berater
- Mitarbeit bei Akquise und Werbung

08/2010   **Praktikum im Sekretariat (Urlaubsvertretung)**
bei der Werner Soden Handelsgesellschaft mbH, Biblis
- Korrespondenz nach Diktat und Phone
- Postein- und -ausgang

07/2010   **Praktikum im Sekretariat (Urlaubsvertretung)**
bei der Hochheim Immobilien GmbH, Mannheim
- Mitarbeit an Informationsbroschüren
- Bearbeitung des Zahlungsausgangs
- Postein- und -ausgang

09/2007–05/2010   **Ausbildung zur Bürokauffrau**
in der Scheffer Unternehmensberatung GmbH, Worms
- Rechnungsbearbeitung
- Vorbereitende Buchhaltung
- Allgemeine Sekretariatsaufgaben
- Arbeiten im Personalbereich

Yvonne Hartwig / Lebenslauf (Kommentar auf Seite 96)

AUS- UND FORTBILDUNG

02/2007–08/2007   **Qualifizierungsmaßnahme „Multimedia"**
bei der Interaktiv GmbH, Mannheim
- Office-Büro-Anwendungen
- Kommunikationsgrundlagen
- Internetnutzung

01/2007   **„Rhetorisch überzeugen"**
Volkshochschule Worms

09/2006–11/2006   **Ausbildung zur Kauffrau für Bürokommunikation**
beim AKK Steuerberatungsbüro, Worms
(Abbruch aus betriebsbedingten Gründen)

SCHULISCHER WERDEGANG

07/2006   Realschulabschluss, Note gut

09/1996–07/2006   Grund- und Realschule, Worms

KENNTNISSE

EDV-Kenntnisse   Buchhalterprogramme: KHK, GOD, Lexware und SAP
Word, Excel, Publisher, PowerPoint, Internet, E-Mail

Führerschein   Klasse B; Fahrpraxis seit drei Jahren

FREIZEITINTERESSEN

Badminton, Selbstverteidigung, Kino

Worms, 12.10.2010

Yvonne Hartwig

Yvonne Hartwig / Lebenslauf (Kommentar auf Seite 96)

Yvonne Hartwig – Bürokauffrau

Frau Hartwig möchte endlich eine bezahlte Stelle in ihrem frisch erlernten Beruf als Bürokauffrau bekommen, nachdem sie ihre Arbeitslosigkeit mit mehreren Praktika überbrückt hat. Sie verfasst eine Initiativbewerbung.

Das Anschreiben überrascht mit einer ungewöhnlichen vertikalen Formatierung des Absenders. Frau Hartwig hat einen Ansprechpartner ausfindig gemacht. Der Auftakt »Sie wollen Ihr Team verstärken? ...« spricht persönlich an. Offensichtlich hat sie Vorinformationen eingezogen und damit einen aktuellen Bezug hergestellt. Auch die Sätze »Ich bin hoch motiviert ...« und »Sie möchten mehr ...« zeigen ihr großes Interesse: Sie will richtig zupacken! Quasi als PS fügt Frau Hartwig ihr Einverständnis hinzu, auf den Rückversand zu verzichten, geschickt formuliert, mit Einfühlungsvermögen und gesundem Menschenverstand. Mit den Worten »Ich bin Optimistin ...« drückt sie aus, dass sie natürlich nicht mit einer Ablehnung rechnet, aber für diesen (hoffentlich unwahrscheinlichen) Fall um die Vernichtung ihrer Unterlagen bittet. Ein gelungener Schachzug, der sich trotz eines gewissen Risikos lohnen kann! Der zweite Blickfang im unteren Bereich dieser Seite ist der blass gedruckte, stilisierte Monitor, der den IT-Bezug ihrer Arbeit symbolisch verstärkt.

Das folgende Deckblatt wiederholt dieses Symbol in der linken unteren Ecke und enthält nun auch die Daten zur schnelleren Erreichbarkeit per Telefon und E-Mail. Die nun folgenden zwei Seiten Lebenslauf enthalten das hellgraue Stilelement wieder rechts unten. Die junge Bürokauffrau hat ihren Lebenslauf umgekehrt aufgebaut, also mit den neuesten Daten zuerst, was sich als Standard bei Bewerbungen immer mehr durchsetzt. Zwar führt es auch hier zum stärkeren Fokus auf die gerade erst beendeten Praktika, in denen sie wertvolle Berufserfahrung gewonnen hat, andererseits betont es deren Ende. Angesichts der geringen Berufspraxis der Bewerberin wäre die klassische Reihenfolge, angefangen mit der Schulbildung, auch okay gewesen – das ist in diesem Fall also Geschmackssache. Unangenehme Lücken hat sie einfach weggelassen, weil sie nur bis zu drei Monate umfassen und daher nicht extra erwähnt werden müssen. Der Hinweis auf drei Jahre Fahrpraxis ist zwar unüblich, aber bei diesem Alter noch passend, vor allem, wenn es sich um eine Mädchen-für-alles-Position handelt. Ihre Hobbys verstärken das Bild einer vielseitigen, aktiven jungen Frau. Diese Bewerbung hat gute Chancen auf Erfolg!

Bewerbung • Koordinatorin

Emma Pahl
Möllegatan 4
21420 Malmö/Schweden

Nordlicht Sprachreisen GmbH
Frau Dr. Almut Kieser
Weidendamm 16
21109 Hamburg

Malmö, 10.09.2010

Sehr geehrte Frau Dr. Kieser,

da ich gerade eine neue berufliche Herausforderung in einem nordeuropäischen Umfeld suche, übersende ich Ihnen meine Bewerbungsunterlagen.

Das Anforderungsprofil einer Koordinatorin erfülle ich durch meine sechsjährige Berufspraxis bei internationalen Austauschorganisationen. Regionaler Schwerpunkt meiner derzeitigen Tätigkeit ist Schweden. Als Programm-Koordinatorin bin ich für den gesamten Ablauf der Programme verantwortlich, wobei der Schwerpunkt in der Kundenbetreuung liegt. Meine frühere Tätigkeit als Exportassistentin sowie das Studium der europäischen BWL stellten dafür ausgezeichnete Voraussetzungen dar.

Besonderes Kommunikationsvermögen, Belastbarkeit und Organisationstalent haben mir meine Kollegen und Vorgesetzte häufig bestätigt. Aufgrund meiner guten Englisch- und Schwedischkenntnisse kann ich auch mit Norwegern und Dänen kommunizieren.

Ich freue mich sehr auf die Gelegenheit, mich persönlich mit Ihnen auszutauschen.

Mit freundlichen Grüßen

Anlagen

Emma Pahl / Anschreiben (Kommentar auf Seite 101)

Lebenslauf • Emma Pahl

Möllegatan 4
21420 Malmö/Schweden
Tel. 0046 40 7559931
E-Mail: emma-pahl@hotmail.com
geb. 10.01.1975 in Brome, ledig

Berufliche Erfahrungen

04.2008–10.2010	DEE Exchange EU GmbH, Malmö	
	Programm-Koordinatorin (Schwangerschaftsvertretung)	
	• Beratung von Bewerbern für Austauschstudien in Schweden	
	• Organisation und Durchführung von Vorbereitungs-Workshops	
	• Kontakt mit deutschen und schwedischen Universitäten	
	• Konferenzen, Berichte und Statistiken	
03.2004–12.2007	DAAD, Berlin	
	Assistentin des Geschäftsführers	
	Organisation, Beratung von Kunden, Vertragsgestaltung und -abwicklung	
08.1996–12.2002	Halmaan Lloyd, Bremerhaven	
	Exportassistentin	
	Verkaufsabwicklung, Kontrolle des Zahlungsverkehrs, Kundenbetreuung	

Emma Pahl / Lebenslauf (Kommentar auf Seite 101)

Lebenslauf · Emma Pahl

Ausbildung

10.2007–03.2008 — Schwedisch- und Englischkurse
Sprachenatelier Berlin

1996–1999 — Diplom (FH) Europäische BWL
Europäische Fernhochschule Hamburg

1996 — Fachhochschulreife
Abendgymnasium Bremen

1991–1994 — Abgeschlossene Ausbildung zur
Außenhandelskauffrau, Bremerhaven

1991 — Realschulabschluss, Brome

Auslandsaufenthalte

seit 04.2008 — Schweden:
Berufstätigkeit mit Sprachpraxis

01–11.2003 — Schweden, Dänemark, Norwegen:
Jobs, Familienbesuche, Sprachpraxis

07–10.1999 — Großbritannien:
Reisen, Sprachpraxis

Sprachkenntnisse

Englisch — verhandlungssicher

Schwedisch — fließend

Französisch — Grundkenntnisse

EDV-Kenntnisse

Bürosoftware — MS Word, Excel, Access, Outlook,
Project, PowerPoint

Internet — Dreamweaver

Freizeitinteressen

Kultur — Kino, Straßenfeste, Off-Kultur

Sport — Badminton, Windsurfen

Malmö, 10.09.2010

Emma Pahl / Lebenslauf (Kommentar auf Seite 101)

Anlagen • Emma Pahl

Arbeitszeugnisse

DEE Exchange EU GmbH, Malmö — **Programm-Koordinatorin** (Zwischenzeugnis)

DAAD, Berlin — **Assistentin des Geschäftsführers**

Halmaan Lloyd, Bremerhaven — **Exportassistentin**

Ausbildungszeugnisse

Europäische Fernhochschule Hamburg — **Diplom (FH) Europäische Betriebswirtschaftslehre**

Abendgymnasium Bremen — **Fachhochschulreife**

Themann & Söhne Export GmbH, Bremerhaven — **Ausbildung zur Außenhandelskauffrau**

Referenzen

DEE Exchange EU GmbH
Sven Nyberg (Geschäftsführer)
Carl Gustafs väg 20
21420 Malmö/Schweden
Tel. 0046 40 932312-98
E-Mail: sven@dee.exchange.com

Deutscher Akademischer Austausch Dienst DAAD
Dr. Arno Hinz (Referatsleiter)
Markgrafenstraße 37
10117 Berlin
Tel. 030 2041267-4
E-Mail: drarnohinz@daad.de

Ev. Markusgemeinde
Henriette Calau (Pfarrerin)
Lange Straße 4
27580 Bremerhaven
Tel. 0471 449245

Emma Pahl / Anlagenverzeichnis (Kommentar auf Seite 101)

Emma Pahl – Koordinatorin

Emma Pahl hat für ihre Bewerbung das Querformat gewählt. Das erzeugt Aufmerksamkeit und ist garantiert ein Hingucker! Sie strebt eine Tätigkeit bei einer Firma in Hamburg an, die Sprachaufenthalte nach Skandinavien vermittelt. Dieser Job ist wie für sie geschaffen, zumal sie nach ihrem längeren Aufenthalt in Schweden gern wieder in Deutschland arbeiten möchte.

Die Bewerberin beginnt ihr Anschreiben mit einer zartgrauen Linie größerer Punkte, in die sie den Zweck dieses Briefes integriert hat. Daher kann sie auf eine Betreffzeile getrost verzichten. Der zweispaltige Druck, der an Buch- oder Zeitungsdruck erinnert, ist gut lesbar und wirkt professionell. In wenigen, gut formulierten Sätzen legt Frau Pahl überzeugend dar, warum sie eine wirklich geeignete Kandidatin ist. Für die Qualifikation von besonderer Bedeutung sind ihre Sprachkenntnisse, weshalb sie diese bereits im Anschreiben näher ausführt. Ihr letzter Satz zeugt nicht nur von gesundem Selbstbewusstsein, sondern knüpft in der Wortwahl auch an ihren Arbeitsbereich an.

Der Lebenslauf, diesmal ohne Deckblatt, integriert die gepunktete Linie vom Anschreiben sowie ein Foto im Querformat. Durch Angaben im ersten Block ihrer Berufspraxis signalisiert Frau Pahl, dass ihre Stelle befristet und sie deshalb besonders motiviert ist, etwas Neues zu finden. Wie im Allgemeinen erwünscht und für die Seitenaufteilung vorteilhaft, erläutert sie diese aktuelle Stelle wesentlich detaillierter als die vorherigen. Bei ihren beruflichen Stationen gibt sie den Arbeitgeber zuerst an, betont aber ihre Tätigkeit durch Fettschrift. Auch die zweite Lebenslaufseite wird von der Punktlinie eingeleitet. Hier finden wir Informationen zur Ausbildung, den wichtigen Auslandsaufenthalten sowie zu Kenntnissen und Interessen. Im Anlagenverzeichnis, wieder mit Punktlinie, sind die beiden Spalten aufgeteilt nach Arbeits- und Ausbildungszeugnissen sowie Referenzen. In diese – international übliche – Auskunftsmöglichkeit schließt Frau Pahl nicht nur Arbeitgeber ein, sondern auch eine Pfarrerin, die sie offensichtlich in ihrer langen Zeit in Bremerhaven gut kennengelernt hat. Damit lässt sie Rückschlüsse auf ihre Konfessionszugehörigkeit zu, die zwar in Bewerbungen nicht erfragt werden darf, von ihr auch nicht angegeben wird, aber als Aussage über Wertvorstellungen durchaus ihre Berechtigung haben kann.

Die Bewerbung von Emma Pahl vereint kreative, optische Anreize, inhaltliche Argumente und einen übersichtlichen Aufbau. Sie wird einen oberen Platz im Bewerbungsstapel einnehmen!

Katarina Junge

Dipl.-Ing. Stadt- und Regionalplanung

Karlsdorfer Straße 33
10555 Berlin
030 6825455
jungekatarina@web.de

Kartenverlag Freizeit und Hobby GmbH
Frau Ute Almann
Uferstr. 14
15231 Frankfurt/Oder

Berlin, 30.09.10

BEWERBUNG ALS PRODUKTIONSASSISTENTIN

Sehr geehrte Frau Almann,

nach unserem heutigen Telefonat überreiche ich Ihnen meine Bewerbungsunterlagen.
Als langjährige berufliche und private Nutzerin Ihrer europaweit bekannten Produkte
reizt es mich sehr, meine Kompetenz in Ihr Unternehmen einzubringen.

Für meine umfassenden Kenntnisse der digitalen Kartenerstellung und GIS bot das
Studium der Stadt- und Regionalplanung eine solide Basis. Im Rahmen der Tätigkeit
im Bereich Geoinformationssysteme und der Fortbildung zur IT-Managerin konnte ich
diese Fähigkeiten praxisrelevant anwenden und ausbauen.
Des Weiteren könnten meine (geprüften) sehr guten englischen und grundlegenden
polnischen Sprachkenntnisse für Sie bei der Neukundenakquise von großem
Vorteil sein.

Nachdem ich in den letzten Jahren meinen persönlichen Schwerpunkt auf Familie
und Weiterbildung gelegt habe, freue ich mich darauf, jetzt mit vollem Einsatz wieder
in das Arbeitsleben einzusteigen. Daher können Sie auf meine Flexibilität, insbesondere
Reisebereitschaft, sowie Ausdauer und Arbeitsfreude zählen.

Gern würde ich in einem persönlichen Gespräch diese Thematik vertiefen.

Mit freundlichen Grüßen

Katarina Junge

Anlagen

Katarina Junge

Dipl.-Ing. Stadt- und Regionalplanung

Geboren	24.12.1966 in Wilhelmsburg
Familienstand	verheiratet, 2 Kinder
Anschrift	10555 Berlin Karlsdorfer Straße 33
Telefon	030 6825455
E-Mail	jungekatarina@web.de

Profil

Akademische Fachkompetenz	• Städtebau und Wohnungswesen: Innenstadtsanierung • Stadt- und Regionalsoziologie: soziale und ökonomische Raumkonzepte und die konstitutive Bedeutung des Raumes, Ansätze zur Kultur- und Umweltsoziologie • Raumplanung im internationalen Kontext: neue Formen sozialräumlicher Organisation und Wahrnehmung im Kontext globaler Umstrukturierungsprozesse; Schwerpunkt Polen • Techniken der Darstellung: Potenziale digitaler Karten
Methodenkompetenz: Geoinformationssysteme	• ArcInfo/Workstation, ArcGIS, ArcView, Arc Macro Language (AML) • Computergestützte Kartografie/GIS: Erstellung digitaler Themen- und physischer Indexkarten, Prüfung von Datengeometrien (AML), Datenaufbereitung und -transfer, Generalisierungsverfahren, Statistik, Analyse, Erstellung von Mental Maps, Computeranimation
Allgemeine EDV-Kompetenz	• MS Office: Word, Excel, Access, PowerPoint • DBMS (Oracle), SQL • Programmierung: Visual Basic, Arc Macro Language, VBA (Grundk.) • Internet, gute Kenntnisse in HTML u. CSS, PHP/MySQL (Grundk.) • Projektmanagement • Computeranimation (AnimatorPro) • CorelDraw 8, Desktop-Publishing, Photoshop (Grundk.) • Betriebssysteme Windows 98/NT4/2000, Unix, Linux, Novell Netware • Netzwerke und Systemadministration • SPSS
Sprachkompetenz	• Englisch: gepr. Fremdsprachenkorrespondentin IHK, Praxis durch Auswertung von Fachliteratur, Sprachaufenthalt in Dublin (B2+) • Französisch: großer Wortschatz, Auswertung von Fachliteratur (B2) • Spanisch: gute Kenntnisse (B1) • Polnisch: solide Grundkenntnisse
Stärken	• Interdisziplinäre Kompetenz • Systematischer Arbeitsstil und effektive Arbeitsorganisation • Entdeckungsfreude und Wissensdurst • Sorgfalt und Aufmerksamkeit • Stressresistenz, Flexibilität
Interessen	• Musik und Musizieren, zeitweilig im Orchester (Querflöte, Gesang) • Fotografieren, kreatives Werken

Katarina Junge / Lebenslauf (Kommentar auf Seite 105)

Studium und Fortbildung

07/87	Schulabschluss Abitur	Schulzentrum Wilhelmsburg
09/87–06/91	Private Ausbildung zur Orchestermusikerin (Querflöte)	Musikhochschule Bremen
09/91–07/92	Studium der Geografie	FU Berlin
09/92–01/03	Studium der Stadt- und Regionalplanung Abschluss: Diplom-Ingenieurin Stadt- und Regionalplanung	TU Berlin
09/05–06/06	Weiterbildung zur IT-Managerin	ITW Berlin e.V.
02/08–11/08	Gepr. Fremdsprachenkorrespondentin Englisch (IHK)	City-VHS, IHK Berlin

Praktika/Studienprojekte (Auswahl)

04/97–06/97	Praktikum im Fachgebiet Umweltplanung	Umweltbundesamt Berlin
02/99–07/99	Projektarbeit zur türkischen Bevölkerung in Kreuzberg: Gewerbe, Wohnen, Handel	Prof. Dr. Werner, TU Berlin
08/99–5/00	Zielorientierte Projektplanung (ZOPP I, II, III) am Beispiel der ländlichen Regionalentwicklung	Dr. P. Baumeister, TU Cottbus
07/00–09/01	Praktikum: Soziologische und ökonomische Transformationsprozesse im ländlichen Raum Westpolens	Polnische Handelsgesellschaft

Berufliche Praxis

06/03–10/03	Studentische Hilfskraft	BauPlan GmbH Berlin
10/03–02/04	Fortbildungen EDV-Anwendungen/Internet	AT Systemhaus GmbH
02/04–01/05	Mitarbeiterin Geoinformationssysteme: – Erstellung bodenkundlicher Indexkarten – Ergänzung/Korrektur Druck digitaler Boden- und Themenkarten – Prüfung von Datengeometrien, Anwendung von AML – Erstellung und Bearbeitung von Kartenlegenden – Anwendung von Arc-/ArcEdit-Komponenten, Arc-Kommandos, MS-Word, MS-Windows, Emacs/Unix – Oracle-Datenbanken	Bundesanstalt für Geowissenschaften und Rohstoffe i. A. Adecco Personal-Service GmbH
01/06–03/06	Praktikum IT-Managerin, Geoinformationssysteme/EDV: – Erstellung einer digitalen Naturraumkarte – Anfertigung von Referenzunterlagen – Programmierung einer AML-Routine zur Überprüfung von Topologien (Anwendung von ArcINFO)	GeoLine GmbH
seit 07/06	– Vorbereitung auf die IHK-Prüfung Englisch – Familienprojekt: Vorbereitung von Hausbau und Umzug – Berufliche Neuorientierung, Selbststudium Webpublishing	City-VHS

Berlin, 30.09.10

Katarina Junge
Karlsdorfer Straße 33
10555 Berlin
030 6825455
jungekatarina@web.de

Katarina Junge / Lebenslauf (Kommentar auf Seite 105)

Katarina Junge – Produktionsassistentin

Die Stadt- und Regionalplanerin Katarina Junge bewirbt sich bei einem mittelständischen Verlag, der Karten für den Freizeit- und Hobbybedarf mit regionalem Schwerpunkt Brandenburg herstellt.

Im Anschreiben bezieht sich Frau Junge auf das Telefonat und fügt eine kleine Schmeichelei über das Unternehmen an, die durchaus ehrlich gemeint ist (aber mancher Bewerber nicht zu äußern wagt). Sie erwähnt kurz ihre Ausbildung und Erfahrungen sowie ihren methodischen Schwerpunkt, ohne auf Details einzugehen. Sehr gut kommt sicherlich ihr Angebot an, mit den passenden Sprachkenntnissen die Akquiseaufgaben in Polen zu unterstützen. Im letzten Absatz tritt sie die »Flucht nach vorn« an, um ihre Nichtberufstätigkeit zu erklären, und belegt dabei sehr deutlich ihre große Motivation für einen beruflichen Wiedereinstieg.

Ihren Lebenslauf leitet sie durch ein übersichtliches und ästhetisch ansprechendes Profil ein, das auch Foto und persönliche Daten enthält. Zwar ist die Schriftgröße etwas klein gewählt, aber gerade noch lesbar – eine Entzerrung und Verteilung des Lebenslaufs auf drei Seiten (mit Verschiebung von Stärken und Interessen nach hinten) wäre eine empfehlenswerte Alternative. Die Gliederung verschafft dem Leser schnell eine Vorstellung von der Bewerberin, deren herausragende Kompetenz im Bereich der Geoinformationssysteme liegt. Ihre beruflichen Stationen hat Frau Junge in der herkömmlichen Reihenfolge – vom Älteren zum Neueren – angeordnet, was bei ihrer Vita durchaus plausibel ist. Sie widersteht der Verlockung, sämtliche Studienpraktika und -projekte aufzulisten, auf die sie sehr stolz ist, und richtet dagegen das Augenmerk auf ihre neueren beruflichen Erfahrungen. Das schwierigste Problem, die letzten vier Jahre ohne Arbeit angemessen darzustellen, hat Frau Junge recht gut gelöst: Sie bezeichnet die Vorbereitung räumlicher Veränderungen zutreffend und selbstbewusst als »Familienprojekt«. Mit ihren Weiterbildungsaktivitäten und ihrem beruflichen Veränderungswunsch, wenn auch gezwungenermaßen, füllt sie die klaffende Lücke elegant aus. Zwar liegt die Vermutung des wirklichen Grundes nahe, aber warum sollte die Bewerberin mit dem Begriff »Arbeit suchend« ihre Chancen schon auf den ersten Blick schmälern?

Mit dieser ungewöhnlichen, gut strukturierten Bewerbung verbessert Frau Junge ihre beruflichen Chancen erheblich: Besonders das Profil erleichtert dem Unternehmen, ihre Einsetzbarkeit im eigenen Betrieb optimal einzuschätzen.

Eduard von Dabelstein
Diplom-Kaufmann
Via Miastra 12
CH–7500 St. Moritz
Tel. +41 81 566 76 43

Eduard von Dabelstein • Via Miastra 12 • CH–7500 St. Moritz

Villeroy & Boch AG
Direktion
Herrn Dr. Ankiewic
Postfach 1120
D–66688 Mettlach

31.08.2010

Unser Telefonat am heutigen Tage

Sehr geehrter Herr Dr. Ankiewic,

vielen Dank für das ausführliche Gespräch.
Hier, wie verabredet, meine Unterlagen.

Ich beabsichtige, mich zum Jahresende beruflich
neu zu orientieren, und würde sehr gerne für
Ihr Unternehmen von Deutschland aus neue
Vertriebsstrukturen im Bereich Sanitärkeramik
entwickeln.

Meine jetzige Position bindet mich voraussichtlich
bis zum 30.11.2010, sodass ich Ihren Wünschen gemäß
zum Jahresanfang die neu geschaffene Position
in Ihrem Export-Headquarter einnehmen kann.

Von Ihnen bald zu hören, würde mich sehr freuen;
bis dahin verbleibe ich

mit freundlichen Grüßen

Eduard von Dabelstein

Anlagen

Eduard von Dabelstein / Anschreiben (Kommentar auf Seite 113)

Eduard von Dabelstein
Diplom-Kaufmann
Via Miastra 12
CH–7500 St. Moritz
Tel. +41 81 566 76 43

BEWERBUNGSUNTERLAGEN FÜR | VILLEROY & BOCH

Eduard von Dabelstein / Deckblatt (Kommentar auf Seite 113)

Eduard von Dabelstein
Diplom-Kaufmann
Via Miastra 12
CH–7500 St. Moritz
Tel. +41 81 566 76 43

03.02.1965	**Geburtsdatum**
Wien	**Geburtsort**
verheiratet zwei Kinder ortsungebunden	**Familienstand**
Österreicher	**Nationalität**
Export Sales Director	**Position**
Sanitärkeramik	**Produkt**
Macco und *Marit*	**Marken**

Eduard von Dabelstein / Lebenslauf (Kommentar auf Seite 113)

Eduard von Dabelstein
Diplom-Kaufmann
Via Miastra 12
CH–7500 St. Moritz
Tel. +41 81 566 76 43

CURRICULUM VITAE   Berufspraxis

Pollag S.R.L.
Turin

Leitung des Gesamtexportes von Sanitärkeramik für die Markenprodukte *Macco* sowie *Marit* in die Exportländer der Europäischen Union	seit 04.2005
Prokura	seit 01.2001
Exportleitung *Macco* für USA, Kanada	05.2000–12.2001
Exportsachbearbeitung *Macco* für Deutschland	04.1997–04.2000

Niethammer GmbH
Gernsheim

Assistent der Exportleitung für Skandinavien	08.1993–03.1997

Wand und Boden AG
Berlin

Exportsachbearbeiter	04.1991–07.1993

Rosenthal AG
Nürnberg

Trainee	01.1990–03.1991

Eduard von Dabelstein / Lebenslauf (Kommentar auf Seite 113)

Eduard von Dabelstein
Diplom-Kaufmann
Via Miastra 12
CH–7500 St. Moritz
Tel. +41 81 566 76 43

CURRICULUM VITAE   Ausbildung

Ludwig-Maximilians-Universität
München

Studienschwerpunkt Außenhandelswirtschaft
Diplom in Betriebswirtschaft
Gesamtnote: sehr gut   31.10.1989

Universität St. Gallen
Schweiz

Betriebswirtschaftliches Vordiplom   15.09.1986

Wolfgang-Amadeus-Mozart-Gymnasium
Wien

Abitur   10.06.1983

Eduard von Dabelstein / Lebenslauf (Kommentar auf Seite 113)

Eduard von Dabelstein
Diplom-Kaufmann
Via Miastra 12
CH–7500 St. Moritz
Tel. +41 81 566 76 43

ZUSATZQUALIFIKATIONEN

Englisch, Italienisch, Schwedisch	**Fremdsprachen**

MS-Office XP Professional, SAP R/3	**EDV-Kenntnisse**

Intl. Marketing Ass.
London

International Marketing Program Studies	10.2007

Management Academy
London

Rentabilitätsrechnung und Investitionscontrolling	08.2006
Investitionsgüter und Systemmarketing	10.2004
Arbeitstechnik, Führungsverhalten, Konfliktmanagement	06.2003
Rhetorik und Präsentation	01.2002

Sprachkurse

Conversation/Business English I und II	05.2001, 07.2004
Cambridge	
Business-Italienisch	08.1997
Verona	

Eduard von Dabelstein / Lebenslauf (Kommentar auf Seite 113)

Eduard von Dabelstein
Diplom-Kaufmann
Via Miastra 12
CH–7500 St. Moritz
Tel. +41 81 566 76 43

ANLAGENVERZEICHNIS

Zwischenzeugnis Pollag S.R.L.

Arbeitszeugnis/Empfehlungsbrief
Niethammer GmbH

Arbeitszeugnis Wand und Boden AG

Arbeitszeugnis Rosenthal AG

Diplom

Fortbildungsnachweise

Eduard von Dabelstein / Anlagenverzeichnis (Kommentar auf Seite 113)

Eduard von Dabelstein – Diplom-Kaufmann

Eduard von Dabelstein, der sich bei einem weltweit führenden Keramikproduzenten für eine leitende Position bewirbt, beeindruckt schon durch seinen Namen. Aber auch zur Gestaltung dieses Bewerbungsbeispiels ist wohl kaum ein Kommentar notwendig, diese schönen Seiten sprechen für sich. Der Kandidat präsentiert sich mit außergewöhnlich ästhetisch gestalteten Unterlagen, wobei allen Bausteinen das gleiche Design zugrunde liegt.

Dies zeigt sich bereits im Anschreiben, einem Beispiel, wie lohnend das Ergebnis sein kann, wenn man es wagt, die konventionellen Formen der Briefgestaltung zu verlassen. Der Anschreibentext knüpft an ein Telefonat an, das im Rahmen einer Initiativbewerbung geführt wurde. Der Text ist absolut knapp gehalten und spiegelt den Stil der gesamten Bewerbungsmappe wider.

Ein fast minimalistisches, aber nicht weniger ästhetisches Deckblatt eröffnet den Reigen der Bewerbungsunterlagen. Auf der ersten Seite präsentiert der Bewerber seine Sozialdaten und fügt Informationen über seine aktuelle Position hinzu. Die von uns sonst eher für überflüssig gehaltene explizite Anführung der Rubriken Geburtsdatum/Geburtsort/Familienstand etc. wirkt hier in der Umkehrung der üblichen Reihenfolge als besonderes Stilmittel, das wie die gesamte Mappe auf einen sehr motivierten Bewerber mit hohen Qualitätsansprüchen rückschließen lässt.

Hier sind auf den folgenden zwei Seiten Lebenslauf, Berufspraxis und Ausbildung in einer neuen, beeindruckenden Weise präsentiert. Eine Extraseite gibt Auskunft über die Zusatzqualifikationen und behandelt das Weiterbildungsengagement. Auch das Anlagenverzeichnis ist Teil der ästhetischen Gesamtwirkung.

Zum Foto: ein nicht alltägliches Foto für eine nicht alltägliche Bewerbungsmappe. Die Hand an der Wange ist eine mehrdeutig interpretierbare Pose: Die Spannbreite reicht von »Denker« über »Narzisst« bis zum »Macher«, vielleicht aber auch dem Gegenteil (müde, unsicher?) – ein nicht zu unterschätzendes Risiko! Sehr modisch mit zugeknöpftem Hemd ohne Krawatte, wenn auch nicht jedermanns Geschmack. Diese Bewerbungsmappe ist ein richtiges kleines Kunstwerk, wirklich exzellent. Trotzdem vermissen wir die Unterschrift – wie schade!

Ausblicke –
wie es erfolgreich weitergeht

DAS VORSTELLUNGSGESPRÄCH

Jetzt geht es vor allem darum:

1. die Prüfungssituation Vorstellungsgespräch erfolgreich zu bewältigen. Das bedeutet für Sie, zu überzeugen, Vertrauen zu schaffen.
2. den Arbeitsplatz mit seinen Aufgaben und Bedingungen sowie die Vorgesetzten und Kollegen so weit wie möglich zu prüfen.

Es ist also durchaus eine Prüfung, die auf beiden Seiten stattfindet. Aber natürlich sind die Machtverhältnisse doch ein bisschen ungleich verteilt. Es gibt zurzeit viele potenzielle Bewerber, aber leider nicht so viele freie Arbeitsstellen. Und dennoch: Ihre Initiativbewerbung ist etwas Besonderes, Ihr Vorgehen unterscheidet Sie von anderen.

Sie haben durch Ihre Initiativbewerbungsunterlagen überzeugt. Und deshalb hat man Sie zum Vorstellungsgespräch eingeladen. – Herzlichen Glückwunsch!

Auf diese zweite, jetzt mündliche Prüfungshürde können Sie sich genauso gut – ja sogar noch besser – vorbereiten wie auf die schriftliche, die Sie bereits geschafft haben. Die Fragen, die Ihnen im Vorstellungsgespräch gestellt werden, stehen bereits alle fest. Sie haben also keinen Grund, sich zu sorgen oder gar zu ängstigen. Denn wenn Sie gut vorbereitet sind, haben Sie auch einen festen Standpunkt, von dem aus Sie argumentieren und überzeugen können.

Wie lange dauert ein Vorstellungsgespräch?
Es lässt sich nicht genau voraussagen, wie viel Zeit Sie für ein Gespräch einplanen müssen. Natürlich kommt es dabei auch auf den Arbeitsplatz an, den es zu besetzen gilt. Die meisten Vorstellungsgespräche dauern zwischen einer und zwei Stunden.

VERSÄUMNISSE

Die 7 folgenreichsten Versäumnisse im Zusammenhang mit Ihren Initiativbewerbungsaktivitäten

- Sich nicht des Rates, der Unterstützung durch einen Bewerbungscoach oder sonstigen Profi in diesen Dingen zu bedienen
- Das Internet zu ignorieren
- Das Telefon als strategisches Instrument nicht einzusetzen
- Kein aktives Stellengesuch im Internet und in Printmedien zu schalten
- Bei allen Aktivitäten nicht oder nur zögerlich auf das eigene Netzwerk zurückzugreifen
- Aus Fehlern nicht genug zu lernen
- Sich nicht selbstkritisch und konstruktiv mit sich selbst auseinanderzusetzen

Was wird von Ihnen erwartet?

Ein Arbeitgeber will bei einem Vorstellungsgespräch vor allem überprüfen, ob ein Bewerber die persönlichen und beruflichen Voraussetzungen erfüllt. Er will den Arbeitsplatz mit dem besten Kandidaten besetzen, der auch optimal in die Firma passt. Dabei dreht sich alles um die folgenden drei Aspekte:

- Ihre Persönlichkeit
- Ihre Leistungsbereitschaft
- Ihre Fähigkeiten

Ihre Persönlichkeit
Dazu stellt sich der Arbeitgeber die folgenden Fragen:

- Wirken Sie sympathisch und vertrauenswürdig?
- Sind sie anpassungsfähig und können Sie im Team arbeiten?
- Passen Sie zum Unternehmen, zu den Kunden, den Geschäftspartnern und ins Kollegenteam?

Ihre Leistungsbereitschaft
- Bringen Sie Interesse oder besser noch Leidenschaft für die Arbeit mit?
- Sind Sie besonders lernwillig, einsatzbereit und arbeitsfreudig?
- Werden Sie sich ganz und gar für Ihre Aufgabe und die Firma einsetzen?

Ihre Fähigkeiten
Haben Sie die Kenntnisse und Erfahrungen, die für den Arbeitsplatz notwendig sind? Und passen Sie auch gehaltlich zu dem Unternehmen (nicht zu teuer aber auch nicht auffällig billig/unter Preis)?

Wie Sie sehen, geht es im Vorstellungsgespräch vor allem darum, dass Sie Ihr Gegenüber von Ihren persönlichen, leistungsmäßigen und beruflichen Qualitäten überzeugen.

So bereiten Sie sich vor

Informieren Sie sich so genau wie möglich. Holen Sie so viele Informationen ein, wie es geht, über

- die Firma, bei der Sie sich bewerben,
- die Branche, in der die Firma tätig ist,
- den Arbeitsbereich, für den Sie sich empfehlen und
- die Aufgaben, die Sie erwarten.

Bewerben ohne Bewerbung

Nach einem sehr interessanten Fachartikel, der auch Teile meines Arbeitsgebietes betraf, gelang es mir, über die Redaktion die E-Mail-Adresse des Autors herauszubekommen. Ich schrieb ihm einen freundlichen Dank und Gruß und lobte seinen Artikel. Dann fragte ich an, ob er am Austausch weiterer Erfahrungen auf dem Gebiet interessiert sei. Und ob, ich bekam sehr schnell Antwort und konnte offensichtlich mit meinen Erfahrungen und meinem Wissen bei ihm punkten. Als ich beiläufig erwähnte, mich beruflich gerade umzuschauen, bot er spontan an, einen Termin mit seiner Personalabteilung zu arrangieren. Das nahm ich dankend an, und wenig später verhandelte ich meinen Einstieg in die neue Firma.

Sie sollten die wichtigsten Frage- und Antworttechniken kennen und wissen, wie Sie am besten auf unangenehme Fragen reagieren.

Übrigens: Sie sprechen auch mit Ihrem Körper – seien Sie sich im Klaren über die bedeutenden Signale der Körpersprache.

Wenn Sie mit dem üblichen Gesprächsablauf und den wichtigsten Fragen eines Vorstellungsgesprächs vertraut sind, hilft das gegen Unsicherheit. Sie wissen dann, was Sie erwartet, und können sich umso besser darauf vorbereiten.

Lesen Sie Ihren Lebenslauf noch mal durch, bevor Sie zum Vorstellungsgespräch gehen. Das kann wichtig sein. Denn bestimmt werden Sie darauf angesprochen, und dann sollten Sie die Daten parat haben und zu einzelnen Punkten näher Auskunft geben können.

Die Gesprächsphasen
Jedes professionell geführte Vorstellungsgespräch läuft nach folgendem Schema ab:

1. Begrüßung und Einleitung des Gesprächs
2. Fragen danach, warum Sie sich beworben haben und was Sie erreichen wollen
3. Welche Ausbildung und welchen beruflichen Werdegang haben Sie?
4. Wie sieht Ihr persönlicher Hintergrund aus?
5. Wie ist es um Ihre Gesundheit bestellt?
6. Kennen Sie sich aus, trauen Sie sich die Arbeit zu und aus welchem Grund?
7. Informationen über die Stelle und die Firma für Sie als Bewerber
8. Die Arbeitsbedingungen
9. Fragen, die Sie als Bewerber haben
10. Abschluss des Gesprächs und Verabschiedung

Die wichtigsten Fragen

Die Fragen, die bei einem Vorstellungsgespräch an Sie gerichtet werden können, stehen schon fest. Überlegen Sie sich bereits vorher Ihre Antworten und welchen Eindruck Sie hinterlassen möchten.

- Erzählen Sie uns etwas über sich! (Ihren Lebenslauf, Werdegang, etwas, das nicht in den Bewerbungsunterlagen steht)
- Warum bewerben Sie sich für diese Aufgabe bei uns?
- Warum sind Sie der richtige Kandidat?
- Was erwarten Sie für sich? Von uns? Von dem Job?
- Was sind Ihre Stärken/Schwächen/Erfolge/Misserfolge?
- Was möchten Sie in drei, in fünf, in zehn Jahren erreicht haben und warum?
- Warum haben Sie diesen Beruf gewählt?
- Wo liegen aktuell Ihre Arbeitsschwerpunkte?
- Wie verbringen Sie Ihre Freizeit?
- Welche Fragen haben Sie an uns?

Kleiner Exkurs

Die hier vorgestellten zehn Fragen sind von besonderer Bedeutung. Es ist wichtig, diese intensiv vorzubereiten, sich gute Antworten zu überlegen und die Beantwortung auch laut (nehmen Sie sich evtl. auf Tonband auf) vorzutragen. Dabei geht es nicht darum, einen Text auswendig zu lernen!

Bei einer Initiativbewerbung zählen aber eben ganz besonders Ihr Motiv und die überzeugende Argumentation, warum man *Sie* einstellen sollte (das Motiv Ihres Gegenübers, sich für Sie zu entscheiden). Bitte überlegen Sie sich dazu genau, wie Sie argumentieren und welche Argumente Sie anführen wollen!

Übrigens

Beim Vorstellungsgespräch geht es vor allem um Sympathie und Vertrauen sowie um Leistungsbereitschaft und fachliche Kompetenz. Wenn Sie die Sympathie Ihres Gegenübers gewinnen, dann werden Ihnen auch Leistungsbereitschaft und Kompetenz zugetraut. Man mag Sie einfach und vertraut Ihnen. Und das bedeutet dann: Man traut Ihnen den Job und die Bewältigung der Probleme auch zu, glaubt an Ihr Potenzial.

Der erfolgreiche Bewerber ist angemessen gelassen und selbstbewusst. Er ist höflich und konzentriert.

Achten Sie an Ihrem großen Tag darauf, dass auch Ihr Aussehen, Ihr Auftreten und Ihre Kleidung stimmen.

Die Frage nach dem Geld – Gehaltsverhandlungen

Ein wichtiger Bestandteil des Bewerbungsgesprächs ist natürlich auch die Gehaltsverhandlung. Aber sprechen Sie das Thema Geld nicht zu früh an. Gehen Sie selbstbewusst in die Gehaltsverhandlung. Machen Sie sich klar: Sie haben nichts zu verschenken!

- Sie können etwa 10 bis 20 Prozent mehr verlangen, als Ihr aktuelles Gehalt beträgt (rechnen Sie dabei auch die Sonderleistungen, Vergünstigungen etc. Ihres jetzigen Betriebs mit ein!).
- Bei Nachfragen zu Ihrem jetzigen Gehalt: Antworten Sie vorsichtig ausweichend, auf jeden Fall nicht zu konkret. Eigentlich ist die Nachfrage nicht wirklich gestattet. Sie könnten auch darauf hinweisen, dass Ihr jetziger Arbeitgeber nicht will, dass darüber gesprochen wird.
- Für Wiedereinsteiger: Informieren Sie sich über die aktuellen Tarifgehälter und Sonderleistungen (bei Gewerkschaften, Industrie- und Handelskammer, Verbänden usw.).

Wenn Sie sich informiert haben, was in Ihrer Branche gezahlt wird, legen Sie »Ihre Preisspanne« fest. Überlegen Sie, was Ihre eigenen Fähigkeiten und Ihr Erfahrungsschatz wert sind.

Erfahrungen aus der Praxis zeigen: Wer sich als Bewerber eindeutig unter Wert anbietet, wird nicht geschätzt. Wer sich überschätzt, hat es sicher auch nicht leicht.

Wissen ist Macht, und Übung macht bekanntlich den Meister. Je besser Sie sich auf die Prüfungssituation Vorstellungsgespräch vorbereiten, umso gelassener können Sie auf heikle und schwierige Fragen reagieren.

⊗ Checkliste: Vorstellungsgespräch

○ Überlegen Sie sich im Vorfeld gute Antworten auf die häufigsten Fragen im Vorstellungsgespräch.

○ Behalten Sie den Ablauf eines Vorstellungsgesprächs im Hinterkopf.

○ Hören Sie Ihrem Gegenüber aufmerksam zu.

○ Analysieren Sie die Fragen – erkennen Sie, was mit der Frage beabsichtigt ist.

○ Nehmen Sie sich Zeit zum Überlegen.

○ Fragen Sie ruhig einmal nach, ob Sie eine Frage richtig verstanden haben. So gewinnen Sie Zeit und können Ihre Antwort besser vorbereiten.

○ Überlegen Sie kurz vorab, was Sie mit der Antwort sagen und erreichen wollen, was Ihr Ziel ist.

○ Was spricht für Sie, was evtl. gegen Sie?

○ Welche Belege für Ihre Fähigkeiten können Sie anbieten?

○ Wie können Sie evtl. Einwänden begegnen?

○ Stellen Sie selbst auch Fragen: So können Sie sich als »kluger Kopf« präsentieren.

Was Sie noch wissen sollten

Das Autorenteam Hesse/Schrader ist seit über 25 Jahren auf dem Sektor der Bewerbungsratgeber sowie zu weiteren Themen aus der Arbeitswelt publizistisch tätig und hat im Laufe dieser Zeit mehr als 120 Bücher veröffentlicht. Viele davon liegen auch als Taschenbuchausgabe vor. Am Anfang stand die erstmalige Veröffentlichung aller gängigen sogenannten Intelligenztests und deren kritische Reflexion in dem Buch Testtraining für Ausbildungsplatzsucher (1985) – allein dies inzwischen mit einer Gesamtauflage von knapp einer Million Exemplaren. Ebenfalls Neuland zum Bereich »Überleben in der Arbeitswelt« erschloss ihr Buch Die Neurosen der Chefs – die seelischen Kosten der Karriere. Besonders interessant für die Bewerbung sind die Bücher in DIN-A4-Format, z. B. Die perfekte Bewerbungsmappe. Sie zeigen Musterbewerbungen im Originalformat.

Beide Autoren verfügen über eine langjährige Erfahrung als Seminarleiter bei Test- und Bewerbungstrainings. Ein besonderes Interesse gilt der gewerkschaftlichen Bildungsarbeit in Form von Anti-Mobbing- und Konfliktmanagement-Seminaren. 1992 gründeten sie in Berlin das Büro für Berufsstrategie, das ausschließlich Arbeitnehmer in allen erdenklichen beruflichen Fragen berät und unterstützt.

Mit uns macht Ihr Können Karriere.

Das Büro für Berufsstrategie Hesse/Schrader entwickelt mit Ihnen erfolgreiche Strategien für Ihre beruflichen Orientierungs- und Veränderungsphasen und berät Sie kompetent in allen Karriere- und Bewerbungsprozessen.

Unsere praxiserprobten und innovativen Seminare stärken und entwickeln Ihre persönlichen und sozialen Kompetenzen. Wir bieten Ihnen folgende Dienstleistungen an:

Beratung & Trainings

- Bewerbungsunterlagen
- Karriereplanung
- Bewerbungsstrategien
- Coaching
- Berufsorientierung
- Arbeitszeugnisse
- Potenzialanalysen
- Vorstellungsgespräche
- Outplacement
- Assessment Center
- Einstellungstests
- Arbeitszeugnis-Check
- Bewerbungs-Check

Seminare

- Rhetorik
- Präsentation
- Zeitmanagement
- Verhandlungsführung
- Telefontraining
- Mitarbeitergespräche
- Konfliktmanagement
- Moderieren
- Networking
- Selbstbewusstsein
- Akquirieren
- Führungskräftetraining
- Small Talk und weitere Themen

Auf unserer Homepage unt

www.berufsstrategie.de

finden Sie viele Texte, praktisch Tipps und Informationen rund um d Themen Beruf und Karriere.

Außerdem können Sie sich dort üb unsere individuellen Beratungs- ur Seminarangebote informieren, sic für unseren Newsletter anmelden od sämtliche Bücher von Hesse/Schrad und der berufsstrategie-Reihe de Eichborn Verlages bestellen.

Gerne beantworten wir Ihnen Ih Fragen. Schreiben Sie uns per Po oder E-Mail oder rufen Sie uns an:

info@berufsstrategie.de

Büro für Berufsstrategie GmbH
Hesse/Schrader
Oranienburger Straße 4-5
10178 Berlin

Telefon   030 / 28 88 57 0
Telefon   01805 288 200*
Telefax   030 / 28 88 57 36
* 0,14 €/min aus dem Festnetz der Deutschen Telekon

Unsere Experten beraten Sie in

- **Berlin**
- **Frankfurt am Main**
- **Hamburg**
- **Köln**
- **München**
- **Stuttgart**

Büro für Berufsstrategie
Hesse/Schrade
Die Karrieremache